Markus Gastl

IDEENBUCH NÜTZLINGS-HOTELS

für Igel, Vögel, Käfer & Co.

O
N
S
W

Inhalt

Nützlinge, die Gartenhelfer

Blattläuse an den Rosen, Raupen am Gemüse, Rüsselkäfer an Sträuchern oder der berühmte Wurm im Apfel: Schädlinge sind überall im Garten, aber niemand mag sie wohl besonders gern. Sie vermutlich auch nicht. Doch Hilfe naht: die Nützlinge.

Die kleinen Blaumeisen und ihre Eltern verputzen reichlich Schädlinge.

Gemütlich gegen Schädlinge

Bestimmt ärgern Sie sich immer wieder, wenn trotz aller Mühen Raupen und Läuse Spuren in Ihrem Garten hinterlassen. Das Gute: Es gibt eine große Zahl von Tieren, die genau diese Schädlinge zum Fressen gern haben. Die Gegenspieler der Schädlinge, die Nützlinge. Diese stillen Helfer arbeiten völlig umsonst und meist von Ihnen unbemerkt. Und doch leisten sie Beachtliches. Durch das Wirken der Nützlinge sparen Sie sich viel Mühe und Zeit. Zeit, die Sie stattdessen mit einem Buch oder einem Glas Wein in der Hand, genießend statt schuftend, im Garten verbringen können. Machen Sie sich darum diese Tiere zum Freund und bieten Sie ihnen Wohn- und Brutraum, Überwinterungsorte und Nahrungsplätze.

Wer ist schädlich, wer ist nützlich?

Eine gute Frage, die sich gar nicht so leicht beantworten lässt. Es kommt ganz drauf an, wen man zu diesem Thema befragt.

Nehmen wir mal die Blattläuse. Sind sie schädlich? Sie als Gärtner werden „Ja!“ rufen, zum Beispiel wenn Sie gerade vor einem malträtierten Rosenstrauch stehen. Von den Blaumeisen-Eltern, die ihre Jungen im aufgehängten Vogelkasten unter anderem mit Blattläusen füttern, käme aber sicherlich ein klares „Nein!“. Für die Blaumeisen sind Blattläuse äußerst nützlich und notwendig. Ohne Blattläuse keine jungen Blaumeisen.
Ein weiteres Beispiel: Der Ohrwurm, auch Ohrenkneifer genannt. Viele Gärtner hängen umgedrehte Tontöpfe mit Holzwolle in den Apfelbaum, um ihm einen hübschen Wohnraum zu bieten. Der Ohrwurm macht sich nachts auf Nahrungssuche. Gerne frisst er Blattläuse (darum haben wir ihm ja die Herberge gebaut), aber er verschmäht auch eine junge, frische Knospe nicht, die auf seinem Weg liegt. Wollen wir es dem Ohrwurm nun übelnehmen, wenn er seinen Speiseplan ein wenig abwechslungsreich gestaltet? Die Natur ist sehr vielschichtig und teilt nicht auf in Gut und Böse.
Aber es gibt viele, viele Tiere, die sich im Garten vor allem als Nützlinge bewähren. Wenn Sie sie fördern – logisch –, dann bekämpfen sie für Sie (und natürlich für sich selbst) ganz automatisch eine Vielzahl an Schädlingen, und das auf ganz natürliche Weise.
Der Einsatz von Chemie gegen Schädlinge bringt nur kurzfristig Erfolg – und Sie schädigen damit leider auch die erwähnten Blaumeisen und ähnliche nette Mitbewohner, die auf ein paar kleine Schädlinge als Futter angewiesen sind. Wenn Sie dagegen Nützlinge im Garten fördern, ist das mittel- und langfristig betrachtet die erfolgreichere Strategie.
Die meisten Nützlinge lassen sich in jedem Garten durch einfache Maßnahmen fördern – Sie müssen darum nicht gleich alles umgraben und zum Wildwuchs werden lassen. Erlauben Sie einfach der Natur, ein wenig mitzugärtnern, dann hilft sie Ihnen und Ihrem Garten ganz von selbst.

Sträucher für Vögel

Wenn Sie das nächste Mal einen Baum oder Strauch pflanzen möchten, nehmen Sie doch einfach eine heimische Art. Sie glauben gar nicht, was Sie damit Gutes für das Gleichgewicht zwischen Nützlingen und Schädlingen im Garten tun. Auf heimischen Gehölzarten leben viel mehr heimische Insektenarten als auf exotischen – und diese locken wiederum die Nützlinge an. Eberesche, Kornelkirsche, Haselnuss, Sanddorn, Schlehe, Holunder, Weißdorn, Efeu – es gibt viele attraktive Arten, die von hier stammen.

Vögel wie diese Singdrossel finden in heimischen Gehölzen reichlich Nahrung.

Nützliches Urzeittier: Der Bandfüßer verwertet totes Pflanzenmaterial.

Die Helfer sind überall

Die Zusammenarbeit mit den fleißigen Nützlingen fängt schon im Untergrund, beim Boden an. Wenn hier nicht eine Vielzahl von Insekten und Würmern fleißig arbeiten würde, dann würde Ihr Garten innerhalb weniger Jahre am eigenen Falllaub ersticken. Ganze Heerscharen von Asseln, Doppelfüßern, Springschwänzen, Fadenwürmern und Hornmilben zerkleinern, verschlucken, verdauen, scheiden wieder aus und bilden so wertvollen Humus. Ein neugieriger Blick durch eine starke Lupe eröffnet Ihnen eine nahezu unbekannte Welt. Die Spezialisten der Abfallverwertung sind klein bis winzig, vielfältig und ungemein tüchtig.

Den Hauptakteur dieses Recyclingprozesses, den Regenwurm, können Sie auch mit bloßem Auge gut erkennen. Auf 1 m^2 Wiesenboden leben bis zu 400 davon. Gemeinsam leisten sie Beachtliches. Knapp 3 Kilogramm Hinterlassenschaften von anderen Tieren oder Pflanzen verarbeiten sie in einem Jahr zu Humus. Ihre Gänge durchlüften den Boden bis in eine Tiefe von 1,5 Meter. Auch andere Tiere wie Ameisen, Insektenlarven, Grillen, Mäuse und Maulwürfe helfen beim Umgraben mit und lockern den Boden gründlich auf.

Igel, Singvögel, Marienkäfer, Ohrwürmer und Florfliegen sind Ihnen vermutlich als Nützlinge bekannt. Aber da sind noch viel mehr Tiere, die im Garten helfen. Kröten, Eidechsen, Spitzmäuse oder Fledermäuse und eine unglaubliche Vielzahl von Insekten und anderen Kleintieren, wie Spinnen, Raubmilben, Tausendfüßer, Libellen, Thripse, Raubwanzen, Käfer, Kurzflügler, Schlupfwesen und Faltenwespen, Schwebfliegen, Gallmücken und Ameisenlöwen. Jeder von ihnen hat seine eigene Lieblingsbeute und seine eigenen Jagdmethoden. Die bekanntesten Nützlinge können Sie ab Seite 14 näher kennenlernen.

Unglaubliche Leistungen

Wissenschaftler haben herausgefunden, dass die krabbeligen Nachkommen eines Marienkäfers pro Saison bis zu 130 000 Blattläuse verzehren. Eine einzige dieser schwarz-orangen Larven schafft während ihrer Entwicklung schon bis zu 1500 Läuse. Eine Florfliegenlarve, auch Blattlauslöwe genannt, vernichtet bis zu 450 Läuse sowie 12 000 Milbeneier, bis sie sich verpuppt. Die interessante Schwebfliegenlarve, die einer Made ähnelt, frisst knapp 700 Läuse.

Einige große Laufkäfer verzehren täglich bis zu zehn Kartoffelkäferlarven. Bei einer Studie überschlug man, das eine laufkäferfreundliche Landschaft neben einem Kartoffelacker, die Hecken und Rückzugsmöglichkeiten bot, bis zu 500 000 Käfer pro Hektar beherbergen kann. Ein starker Kartoffelkäferbefall

Die Hain-Schwebfliege ist ein harmloser Blütenbesucher. Ihre Larve jagt Blattläuse.

von mehr als 200 Larven pro m² lässt sich so allein durch die Laufkäfer unter Kontrolle bringen.

Sammler und Sympathieträger

Nützlinge müssen jedoch nicht immer nur Schädlinge fressen, um für uns Menschen nützlich zu sein. Vergessen Sie nicht die vielen Bienenarten, Schwebfliegen, Käfer und Schmetterlinge, die emsig Pollen von Blüte zu Blüte tragen, diese so bestäuben und damit erst die Bildung von Früchten und Samen ermöglichen. Keine Tomaten, keine Erdbeeren, keine Äpfel, keine Kirschen ohne die Arbeit der Bestäuber. Und den Honig auf dem Frühstücksbrötchen oder die Bienenwachskerze für einen romantischen Abend gäbe es ohne sie genauso wenig.

Doch Nützlinge können noch mehr. Betrachten Sie einmal eine Wildbiene, einen Schmetterling oder eine Schwebfliege von Nahem. Zeigen Sie die harmlosen Tiere Ihren Kindern – schön, oder? Und was wäre ein Frühling ohne Vogelgesang? Eine Blumenwiese ohne das Summen der Insekten? Ein Sommerabend ohne Grillengezirpe? Die Nützlingswelt ist voller Sympathieträger!

Wenn Sie genauer hinschauen, werden Sie mit den unterschiedlichsten Eindrücken und den schönsten Erlebnissen belohnt, die ein Garten zu bieten hat. Ein Rascheln im Laub, das Scharren kurzer Beinchen, eine kleine schwarze Nase, die bunte Blätter vor sich herschiebt. Dann kommt ein braun-weißes Stachelkleid zum Vorschein, ein Igelkind tapst schmatzend durchs Gebüsch auf der Suche nach ein paar Leckerbissen. Wenn Sie diesem kleinen Helden Unterschlupf gewähren und eine Stelle in Ihrem Garten ein wenig verwildern lassen, dann findet er seine natürliche Nahrung und wird hier vielleicht im nächsten Jahr für eigenen Nachwuchs sorgen.

Einfach sympathisch: So eine Sandbiene können Sie mit dem Sandarium (Seite 62) in Ihren Garten locken.

Viele Versteckmöglichkeiten und reiche Blütenpracht – das sind gute Voraussetzungen für viele Nützlinge.

Was brauchen Sie?

Egal, um welchen Nützling es sich handelt, sie alle wollen irgendwo wohnen oder sich verstecken und sich an einem geeigneten Ort vermehren. Mit den Hotels und Naturmodulen im ersten und zweiten Kapitel dieses Buches bieten Sie einer ganzen Reihe von Tieren genau das an. Welche Tiere sich wo einfinden, ist bei jedem der Projekte vermerkt.

Hunger haben die Tiere natürlich auch. Der Speiseplan der Nützlinge im Garten ist sehr vielfältig. Dass viele Gartenvögel Insekten lieben und brauchen, ist klar. Wildbienen, Schmetterlinge, Schwebfliegen und viele andere Insekten benötigen Nektar und Pollen. Es gibt viele bienenfreundliche Pflanzen für den Garten. Vor allem eignen sich heimische Arten, die viele Jahrtausende lang in Kooperation mit den Insekten gelebt haben. Kein Vergleich zwischen der früh blühenden heimischen Kornelkirsche und der zur gleichen Zeit blühenden Forsythie – die eine ist umschwirrt von hungrigen Bienen, die andere wird weiträumig umflogen, denn sie bietet unseren Insekten keinen Nektar. Es gibt aber auch viele attraktive Gartenarten, die gerne besucht werden. Im Serviceteil am Ende dieses Buches finden Sie nützliche Adressen von Gärtnereien, die heimische und weitere insektenfreundliche Pflanzenarten anbieten.

Blütenpracht von Frühling bis Herbst

Für die Nützlinge darf der Frühling mit einem Paukenschlag beginnen: Je früher Ihr Garten in voller Blüte steht, desto besser. Weidenkätzchen, Krokus und alle anderen Frühlingszwiebelblumen sind ihre ersten Tankstellen. Davon können Sie und Ihre Nützlinge ganz bestimmt nie genug bekommen. Zu den ersten Blühern gehört auch der heimische Huflattich. Kurz danach locken die Beerensträucher (Johannis-, Josta-, Stachelbeeren) mit ihren unscheinbaren, aber dennoch nektar- und pollenreichen Blüten. Und unter Sträuchern wie Schlehe, Weißdorn, Traubenkirsche, Felsenbirne und einheimischer Berberitze, die für Nützlinge sehr wertvoll sind, konkurrieren Buschwindröschen, Lerchensporn und Taubnessel um die bestäubenden Gäste.

Wenn der Löwenzahn die Wiesen gelb tupft und die Obstbäume (wie Kirsche, Apfel oder Birne) blühen, ist der Höhepunkt des Nahrungsangebots für Nützlinge erreicht. Wer jetzt noch Zeichen setzen will und die Tiere gezielt unterstützen möchte, erreicht dies mit Staudenbeeten, besser aber noch mit ausgedehnten Steingartenanlagen (Ysop, Lavendel, *Sedum*- und *Sempervivum*-Arten und viele mehr) und bunten Blumenwiesen (mit Flocken-, Witwenblumen usw.). Durch eine breite Auswahl an Steingartenpflanzen ist Blütenflor dann bis in den Spätsommer garantiert.

Das letzte Feuerwerk zünden Astern, Herbstzeitlose, alte Efeustöcke und die hohen Fetthennen. Interessant für Gärtner wie für Nützlinge sind immer auch Pflanzen mit langer Blütezeit (wie der einheimische strauchförmige Faulbaum), die durch eine große Blütenzahl hervorstechen (wie etwa der Bienenbaum *Euodia*) oder erst sehr spät blühen (wie die Becherpflanze *Silphium perfoliatum*).

Krokusse bieten den früh fliegenden Hummeln eine erste Stärkung.

Inseln für Nützlinge

Naturinseln wie eine Blumenwiese, ein blühender Steingarten oder eine wilde Ecke im Garten ziehen nach und nach immer mehr Helfer an. Sie können sogar spezielle Insektenarten anlocken und fördern, indem Sie ihnen ein Gefäß oder ein Beet mit ihren Lieblingsarten bepflanzen – einige Beispiele für besonders sympathische (und auch schützenswerte) Insekten finden Sie im dritten Kapitel.

Mehr Natur im Garten

Ein Garten mit vorwiegend einheimischen Pflanzen, sanfter Pflege, wilden Ecken, Vielfalt an Strukturen, in dem auf Chemie und mineralische Düngemittel verzichtet wird, hat die besten Voraussetzungen, um Nützlingen das Überleben zu sichern. Im Buch „Mehr Natur im Garten“ von Markus Gastl finden sich dazu vielzählige Hinweise und Anregungen.

Los geht es

Was Sie in Ihrem Garten alles tun können für fleißige Vierbeiner, Vögel und Insekten (und natürlich für sich selbst), erfahren Sie in diesem Buch. Es gibt Projekte, die ganz fix verwirk-

Die kommt ganz bestimmt: die Rote Mauerbiene findet sich schnell ein, wenn sie passende Nistgänge findet.

licht sind, und andere, bei denen Sie an einem gemütlichen Wochenende ganz in Ruhe Stein auf Stein setzen können. Mit Sicherheit werden Sie es genießen, der Natur und Ihrem Garten etwas Gutes zu tun, und wenn Sie dann beobachten, wie Ihre Hotels, Strukturen und Pflanzenkombinationen nach und nach besiedelt werden, werden Sie ganz bestimmt sehr zufrieden sein.

Was brauche ich?

Die benötigten Materialien können Sie sich leicht beschaffen. Etliche Dinge, die Sie sonst vielleicht teuer entsorgen oder zeitaufwendig abtransportieren müssten, etwa Laub und Astschnitt, können Sie hier verarbeiten. Mit den Ideen aus diesem Buch werden Sie aus Keller, Dachboden und Schuppen Dinge zutage fördern, die sich hervorragend eignen, um Insektenhotels oder Naturmodule zu bauen und zu ergänzen. Ausrangierte Gefäße etwa lassen sich gut und dauerhaft mit nektar- und pollenspendenden Pflanzen bepflanzen.

Material für Hotels

Das Hauptmaterial, das hier zum Einsatz kommt, ist Holz. Es ist luftdurchlässig und trotzdem wasserdicht – für die Tiere sind das optimale Eigenschaften, denn Eier, Larven und Jungtiere sollen es ja trocken haben und vor schlechter Witterung geschützt sein.

Der Bauplan der Hotels und Vogelhäuschen ist bewusst einfach gehalten. Meist brauchen Sie nichts weiter als ein sägeraues, also nicht glatt gehobeltes Brett von bestimmter Breite, das Sie beim Baumarkt oder Schreiner erhalten. Die gängigste Holzart ist Fichte, aber auch alle anderen Holzarten sind geeignet. Um aus dem Brett ein Wildbienenhotel oder Marienkäferhaus zu bauen, brauchen Sie es nur in ein paar Teile zu zerlegen – ganz simpel, ohne komplizierte Winkel oder Schnittformen. Um die Teile sauber zu verbinden, sollte man sie zuerst leimen – und

Das Werkzeug

Ein Akkuschrauber mit den passenden Aufsätzen leistet Ihnen immer gute Dienste, denn das Anziehen der Schrauben von Hand ist zwar möglich, aber anstrengend und langwierig. Eine gute Säge, ein Zollstock, ein langes Lineal und ein Bleistift zum Markieren reichen aus, um ein Brett richtig zuzuschneiden. Falls Sie eine kleine Tischkreissäge haben: umso besser, sie vereinfacht das Zusägen. Auch Zwinge oder Schraubstock sind sehr hilfreich. Damit können Sie die Bretter gut fixieren und arbeiten so sicher und effizient.

Pflege der Hotels

Die Vogelnistkästen nehmen Sie am besten im Herbst ab, schrauben sie auf und entfernen das alte Nest. Achtung, oft hüpfen hier Flöhe herum – tragen Sie also am besten Handschuhe. Schütten Sie dann einfach einen Schwall kochendes Wasser darüber – damit wird alles auf ganz schadstofffreie Weise gereinigt. Die heiße Reinigung ist notwendig, da sonst Parasiten wie zum Beispiel Milben im Nistkasten überwintern und die nächste Brut womöglich schädigen.

Insektenhotels können Sie einfach sich selber überlassen, hier muss nichts gereinigt werden. Die Wildbienenlarven überwintern ja im Hotel, und die fertigen Bienen schlüpfen im darauffolgenden Jahr. Mit der Zeit können an einzelnen Stellen Parasiten, Schimmel und Pilzsporen auftreten, oder Holz und Schilf werden brüchig. Das ist vollkommen normal und kein Anlass zur Sorge.

Wenn Sie das Material ersetzen wollen (bei dem vorgestellten Modulsystem ist das durch den Austausch einzelner Module ganz einfach), gehen Sie dabei folgendermaßen vor: Stellen Sie die auszutauschenden Elemente im Frühjahr an eine schattige Stelle in der Nähe des Insektenhotels. Die Insekten werden ausschlüpfen, aber die alten Module im Schatten nicht wieder besiedeln, sondern sich über die neuen Elemente mit frischem Material freuen, die Sie ihnen inzwischen an sonniger und regengeschützter Stelle als Ersatz angeboten haben. Im Herbst können Sie dann die leeren alten Module entsorgen.

Wartungsarm: solche Insektenhotels aus Holz halten viele Jahre.

dann gut zusammengespannt trocken lassen. Dann verschrauben Sie sie, indem Sie die Löcher mit einem Bohrer vorbohren, dessen Durchmesser 1–2 mm kleiner als die Schraube ist. So sitzt die Schraube schön stramm. Am besten nehmen Sie Schrauben aus rostfreiem Material.

Noch einfacher: Manch altes Möbelstück oder ausgedienter Behälter lässt sich umbauen und ergibt mit wenig Aufwand nicht nur eine artgerechte Behausung, sondern außerdem noch einen schönen optischen Effekt. Auch hierfür finden Sie im Buch einige Ideen.

Die Handarbeitsfreaks unter Ihnen können auch zur Stricknadel greifen und für Vögel etwas stricken und filzen. Das geht mit der dicken Strickfilzwolle ziemlich fix und sieht einfach gut aus – artgerecht ist es obendrein, denn Wolle ist atmungsaktiv, dabei aber relativ wetterfest. Dennoch sollten Sie Ihre Wollgebilde regengeschützt aufhängen.

Ein echter Blickfang im Garten und nützlich für viele Nützlinge sind Steinpyramiden.

Naturmodule

Alle im zweiten Kapitel gezeigten Projekte verbessern die Bedingungen für zahlreiche Nützlinge in Ihrem Garten ungemein. Für sie verwenden Sie Naturmaterial: Steine, grobes Totholz, Äste, Zweige, natürliches Material aus dem Keller wie Holz- und Pappreste – mehr brauchen Sie nicht, um zur selben Zeit einer Vielzahl unterschiedlicher Tiere wunderbare Unterschlupfmöglichkeiten zu bieten.

Viele der für den Bau verwendeten Materialien fallen in Ihrem Garten als vermeintlicher Abfall ohnehin an – Sie müssen sie so nicht teuer entsorgen. Paletten bekommen Sie mit etwas Glück auf Nachfrage geschenkt. Sand, Lehm oder Begrenzungen für Komposthaufen gibt es in jedem Baumarkt zu kaufen. Und Steine können Sie nach und nach selber sammeln oder günstig in Steinbrüchen erwerben.

Viele dieser Projekte für Wohngemeinschaften stellen zugleich besondere Strukturen in Ihrem Garten dar und machen optisch einiges her. Sie zu bauen dauert länger, ist aber völlig unkompliziert und teils schon fast meditativ – eine Arbeit, die einfach zufrieden macht. Es lohnt sich unbedingt, in Ihrem Garten mehrere Projekte umzusetzen, sofern es seine Größe zulässt. Sie werden staunen, welche Vielfalt von Tieren sich nach einer Weile einstellt, wenn sich unter ihnen erst rumgesprochen hat, was Sie an Wohnraum zu bieten haben.

Blütenkombis

Viele Insekten fliegen auf ganz bestimmte Pflanzenarten – manchmal passen Insektenrüssel und besonders geformte Blüten optimal zusammen, wie bei den Hummelblüten. Oder die Flugzeit der erwachsenen Insekten (bei manchen beschränkt sich diese auf wenige Wochen) fällt mit der Blütezeit bestimmter Pflanzen zusammen. Oder die Raupen haben bestimmte Vorlieben.
Für diese Spezialisten habe ich für Sie Kombinationen aus verschiedenen Pflanzenarten zusammengestellt, die Sie in den vorgeschlagenen Behältern oder aber im Beet anpflanzen können. Schmetterlingen und Wildbienen bieten Sie mit diesen Blütenkombis ein echtes Paradies. An Behältern können Sie alles Mögliche verwenden, von alten Zinkwannen bis zu ausgedienten Schubkarren. Oder Sie gönnen sich ein paar schöne große Terrakottakästen. Das Substrat, die Erde, können Sie günstig selber mischen. Mehr dazu finden Sie auf Seite 74.

Für den Schwalbenschwanzfalter finden Sie auf Seite 82 eine Blütenkombination, auf die er fliegen wird.

Vorstellungsrunde der Nützlinge

Blaumeise Stellvertretend für die Singvögel im Garten: Ein kleiner, munterer und häufiger Vogel mit blauem Käppchen und gelber Brust. Häufig an der Winterfütterung zu finden, turnt ständig an dünnen Ästen herum und pickt dabei kleine Insekten von Zweigen und Knospen. Durchmesser des Eingangs im Nistkasten 28 mm.

Maulwurf Schwarzes, samtiges Fell, breite Grabschaufel-Vorderhände, fast blind, aber mit hochsensiblen Schnurrhaaren und Tastsensoren in der empfindlichen Nase. Spezialist des Untergrundes und gesunden Bodens. Er dezimiert Insektenlarven wie Engerlinge, Drahtwürmer und Rüsselkäferlarven. Gesamtleistung pro Jahr etwa 30 kg Schädlinge.

Spitzmaus Kleiner und nervöser mausähnlicher Insektenfresser (keine Maus!) mit lang ausgezogener Nase und Oberlippe. Samtartiges Fell, fast immer in Bewegung, sehr spitze Zähne. Frisst täglich fast das eigene Körpergewicht von 10 g an Insekten, Spinnen und Schnecken. Liebt Verstecke und Höhlungen zwischen Steinen, Totholz und Reisig.

Igel Liebenswerter, beweglicher und unternehmungslustiger Stachelträger, der sich bei Gefahr zu einer Kugel zusammenrollt. Schnaubend und raschelnd durchstreift er artenreiche Hecken, üppige Staudenbeete und wilde Gartenecken. Vertilgt Unmengen an Raupen und Käfern. Hält Winterschlaf in Reisighaufen oder anderem trockenem Unterschlupf.

Fledermäuse Die einzigen Säugetiere, die aktiv fliegen können; mit typischer Flughaut. Lösen in der Dämmerung und Nacht die Singvögel als Jäger ab. Orten und erbeuten mit Echolot hauptsächlich Obstbaum- und Forstschädlinge. Bevorzugen strukturreiche Gärten und Gewässernähe. Die am stärksten bedrohten Nützlinge.

Vorstellungsrunde der Nützlinge

Siebenschläfer Lustiger grauer Vertreter der Bilche mit buschigem Schwanz, weichem Fell, großen Augen und schwarzen Schnurrhaaren. Dämmerungs- und nachtaktiv. Kletternd, balancierend und hüpfend, durchstreift er dichte Hecken und alte Schuppen, um Käfer und andere Insekten, aber auch Wildobst und Samen zu verzehren.

Gartenschläfer Farbenfroh gezeichneter Gartenpirat mit unverwechselbarer schwarzer Augenbinde und dünn behaartem Schwanz. Verhalten, Bewegung und Nahrung ähnlich wie beim Siebenschläfer. Wie dieser als kleine Fellkugel zusammengerollt an sicheren und warmen Orten im langen Winterschlaf.

Eichhörnchen Munterer Sympathieträger in großen Gärten oder Parks mit altem Baumbestand. Sprungstarker und akrobatisch gewandter Kletterer mit rotem Fell und buschigem Schwanz. Ernährt sich hauptsächlich von Baumsamen wie Nüssen, Zapfen, Bucheckern und Eicheln, verschmäht aber auch Insekten nicht.

Mauswiesel Klein und schlank, mit langem, hellbraunem geschwungenem Körper, weißer Brust und kurzen Beinen. Kleinstes Raubtier Europas. Wachsam und neugierig zugleich, liebt deckungsreiche Gärten mit Hecken, Steinmauern und Reisighaufen. Hauptfeind aller Mäuse.

Zauneidechse Stellvertretend für die Reptilien: Sonnenanbeter mit Schuppenpanzer, lebhaft und schnell. Männchen grün, Weibchen braun gemustert. Braucht warmes und trockenes Umfeld mit vielen Steinen, Mauern und auch sandigem Untergrund zum Sonnenbaden. Fängt Spinnen, Heuschrecken, Raupen und andere Insekten. Überwintert in tiefen, frostfreien Bodenregionen.

Vorstellungsrunde der Nützlinge

Erdkröte Stellvertretend für die Amphibien: etwas behäbiger Lurch mit goldenen Augen und warziger, brauner Haut. Tagsüber unter Totholz, Reisig und Steinen versteckt. Nachts ein Jäger, der eine Vielzahl von Insekten und anderen Wirbellosen erbeutet. Überwintert im Boden und braucht im Frühjahr Tümpel zum Ablaichen.

Wildbienen Pelzige, kleine, völlig ungefährliche Bestäuberinsekten, die eine Vielzahl unterschiedlichster Blüten im Steingarten, auf der Blumenwiese und im Obstgarten besuchen. Nisten gut beobachtbar in Insektenhotels, aber auch in Totholz, vegetationsarmen Bodenarealen, Steilwänden und Lehmmauern.

Hornisse Größte Wespe Deutschlands. Ruhiger, faszinierender und zu Unrecht gefürchteter Hautflügler. Gelb-schwarz mit rotbrauner Färbung. Bevorzugt buschreiches Gelände mit viel Totholz, baut kunstvolle Nester in Höhlungen. Versorgt die eigenen Larven mit einer unglaublichen Menge an Raupen und anderen Schadinsekten.

Schwebfliegen Kleine, harmlose und meist unbehaarte Insekten, oft mit schwarz-gelber Warnfärbung, die Gefährlichkeit vortäuschen soll. Keine Wespentaille und viel größere Facettenaugen als Wespen. Oft nektartupfend auf Doldenblütlern oder schwirrend vor Blüten in der Luft stehend. Die Larven ernähren sich räuberisch, vor allem von Blattläusen.

Schmetterlinge Tagfalter sind allseits beliebte Sonnenkinder und fliegende Edelsteine; Nachtfalter oft unscheinbare Flatterer an Straßenlaternen. Mit langem Saugrüssel ausgestattet, durch den sie spezielle Blüten mit tiefen Kelchen bestäuben. Brauchen sowohl Nektarpflanzen als auch Raupenfutterpflanzen.

Vorstellungsrunde der Nützlinge

Marienkäfer Bekannter Glücksbringer. Kräftig gezeichnet, meist rot-schwarz, aber auch gelb oder orange: perfekte Warnfarbe, die Vögeln Ungenießbarkeit signalisiert. Überwintert oft in Gruppen. Die Käfer und ihre Larven sind erfolgreiche Blattlausjäger.

Florfliege Zartes, zerbrechlich wirkendes, meist grün gefärbtes Insekt mit halbkugeligen goldenen Augen. Die Eier sitzen auf langen Fäden; sie werden direkt in Blattlauskolonien abgelegt. Die Larven erbeuten mit ihren Saugzangen Hunderte von Blattläusen. Spitzname „Blattlauslöwe".

Ohrwurm Lichtscheues Insekt mit einer ungefährlichen Zange am Hinterleib. Oft in großen Gruppen in engen Höhlungen. Nächtliche Beutezüge in die Umgebung. Aufwendiges und für Insekten seltenes Brutpflegeverhalten: Das Weibchen umsorgt sowohl Eier als auch junge Larven.

Spinnen Vollkommen unterschätzte und bei uns ungefährliche Insektenvertilger, von denen viele mit einer weiten Bandbreite unterschiedlichster Netzkonstruktionen fliegenden Insekten nachstellen. Etliche Spinnen jagen ohne Netz und erbeuten ihre Opfer springend, lauernd oder aus dem Hinterhalt.

Regenwurm Besiedelt in selbst gegrabenen Gangsystemen zu Tausenden gesunde Böden. Lockert, lüftet und verdaut Pflanzenreste. Wichtigster Bodenaufbereiter. Kann bis zu zwei Jahre alt werden.

Hotels für Vierbeiner, Vögel und Insekten

Nisten, essen, sich verstecken

Hotels für Nützlinge, das hört sich hauptsächlich nach Wohnen an. Die Bauanleitungen in diesem Kapitel umfassen jedoch ganz unterschiedliche Aspekte: Sie finden hier Nistkästen und Futterstationen für Vögel und Eichhörnchen, Schlafkästen für Säugetiere und Nisthilfen und Unterschlupf für Insekten.

Vielleicht haben Sie im Werkunterricht in Ihrer Schulzeit schon mal einen Vogelnistkasten gebaut? Oder Ihr Kind hat dort ein kleines Insektenhotel gezimmert und mit nach Hause gebracht? Bestimmt können Sie sich erinnern, dass Oma immer umgedrehte Blumentöpfe mit Holzwolle in den Obstbäumen hängen hatte. Hotels für Tiere sind sehr vielseitig.

Futterstationen

Wenn Sie Vögeln oder Säugetieren Futter anbieten möchten, sollten freche Diebe es nicht stehlen können. Das zu garantieren ist nicht immer einfach. Eine Schale Katzenfutter für den Igel beispielsweise ist schnell von Nachbars Katze weggeputzt. Dem Igel nützt ein naturnaher Garten mit vielen leckeren Insektenlarven und Würmern viel mehr. Aber es geht auch gezielt: Die Nüssestation für Eichhörnchen (Seite 22) und die Meisenknödel-Mütze (Seite 32) in diesem Buch sind zwei Beispiele für relativ diebessichere Futterstationen.

Ein guter Unterschlupf und ein naturnaher Garten mit vielen Würmern und Insekten nützen ihm mehr als Katzenfutter.

Nisthilfen

Nützlings Wohnungsnot ist in vielen Gärten groß. Darum sind Angebote zum Überwintern, um sich zu verstecken oder für die Jungenaufzucht der beste Weg, den Tieren zu helfen. Alte Bäume mit natürlichen Baumhöhlen und schönen dichten Kronen wären das, was die Natur bereitstellen würde. Die sind in den meisten Gärten leider selten. Macht nichts, denn hier können Sie leicht Ersatz schaffen. Wichtig dabei ist, dass die Wohnhotels für das Eichhörnchen, den Garten- oder Siebenschläfer, die Fledermaus, den Igel und die Singvögel solide gebaut sind und die richtige Größe sowie den passenden Eingang haben. Auch sollten sie wegen möglichen Parasitenbefalls leicht zu reinigen sein. Ihrem persönlichen Gartenstil können die Hotels durch individuelle Gestaltung leicht angepasst werden. Was Sie außen draufmalen, ist den Bewohnern ziemlich egal, solange Sie umweltfreundliche Farbe benutzen.

WO AUFSTELLEN?

Der Aufstellungsort ist ziemlich wichtig, damit das Hotel gut angenommen wird. Anflugmöglichkeit, Besonnung, Beschattung, Anbringungshöhe oder Gestaltung der unmittelbaren Umgebung sind für viele Tiere entscheidend. Es ist gut, ein wenig über die Lebensweise der Tiere zu wissen. Darum finden Sie Informationen zu den Tieren ab Seite 14 und darüber hinaus bei den einzelnen Hotels Hinweise zu ihren Vorlieben.

Haussperlinge sind sehr gesellig, auch bei der Wahl ihrer Kinderstube.

WIE VIELE?

Gartenvögel haben oft Reviere und wünschen sich einen Nistkasten ohne direkte Nachbarn. Ausnahmen bilden hier die Sperlinge, die sich ohne Artgenossen in nächster Umgebung nicht wohlfühlen.

Die Insekten kommen oft in hohen Bestandsdichten vor, deswegen können Sie mit ruhigem Gewissen mehrere Marienkäferkästen, Florfliegentürme und Ohrwurmerker in Ihrem Garten aufstellen. Systematisch suchen die kleinen Tiere dann von diesen Verstecken aus nach Fressbarem, durchforsten Bodenstreu und Moospolster, dringen bis in die Baumkronen vor und wechseln bei Nahrungsmangel schnell das Jagdgebiet.

Auch für Hornissen können Sie mehrere Unterkünfte in Ihrem Garten anbieten. Nicht alle werden besiedelt (es kommt natürlich auf die Größe Ihres Gartens an), denn auch wenn die Großinsekten kein wirkliches Revier besitzen, so sind sie doch auf ausgedehnte Jagdgebiete angewiesen, um den ganzen Staat satt zu bekommen.

Bilche und Fledermäuse wechseln öfter ihren Wohnraum. Je mehr Möglichkeiten Sie ihnen bieten, desto attraktiver wird Ihr Garten letztendlich für diese Tiere sein.

Warum Wildbienen?

Viele Gärtner wissen, wenn in der Nähe ein Imker seine Honigbienen hält, und setzen ganz auf diese fleißigen Helfer, wenn es um die Bestäubung der eigenen Sträucher und Obstbäume geht. Honigbienen entfernen sich von ihrem Stock tatsächlich bis zu 5 km, um Nektar und Pollen zu sammeln. So ein Bienenstock hat also ein sehr großes Einzugsgebiet. Wissenschaftliche Untersuchungen haben jedoch gezeigt, dass eine Kreuzbestäubung, also eine Bestäubung durch mehrere verschiedene Insektenarten an der gleichen Blüte, die höchsten Erträge bringt. Deswegen lohnt es sich für Sie, etwas für Wildbienen und Hummeln zu tun. Sie ernten dann die größten Äpfel. Mal abgesehen davon, dass es einfach Freude macht, die Tiere beim eifrigen Eintragen von Pollen und Baumaterial zu beobachten.

Nisthilfen für Wildbienen haben durchaus schmückenden Charakter.

Nüssestation für Eichhörnchen

ZEIT 3 Stunden
BAU mittelschwer

- Schneiden Sie von dem Brett vier Stücke ab. Die einzelnen Bretter sind 2 mal 35 cm und je 1 mal 30 cm und 7,5 cm lang.
- Legen Sie eines der 35 cm langen Bretter längs vor sich hin. Von der oberen linken Ecke 20 cm nach rechts messen und mit einem Stift markieren, dann von der unteren rechten Ecke 20 cm nach links und ebenfalls markieren. Die beiden Markierungspunkte mit einer Linie verbinden und hier das Brett in zwei Teile sägen.
- Das 7,5-cm lange Brett an der Längsseite in zwei gleiche Hälften schneiden. Eine Hälfte sägen Sie diagonal in zwei gleiche Dreiecke. Die andere Hälfte verwerfen.
- Legen Sie das zweite 35-cm-Brett vor sich hin. Die beiden Dreiecke unten links und rechts ansetzen, leimen und verschrauben. Auf diese Stützen das 30 cm lange Brett legen und an Stützen und Rückwand festleimen und -schrauben.
- Die beiden Seitenteile mit der schmalen Seite nach vorne aufsetzen und mit Bodenbrett und Rückwand verleimen und verschrauben.
- Die kleine Plexiglasscheibe schrauben Sie vorne an, zuvor bohren Sie ohne Druck die Schraublöcher vor.
- An der großen Plexiglasscheibe das Scharnier mit den beiden Schrauben und Muttern an der längeren Seite befestigen. Die Scheibe mittig auf den Kasten setzen und das Scharnier an der Rückwand befestigen. Der Deckel soll sich leicht anheben lassen.
- Den Nüssespender schrauben Sie mit je zwei Schrauben oben und unten in etwa 2 m Höhe an einem Baumstamm fest. Den Spender sollten Sie mit einer kleinen Leiter leicht erreichen können. Füllen Sie ihn mit unbehandelten Wal- und Haselnüssen.

IM HERBST sammeln Eichhörnchen unablässig Nüsse, um sie zwischen Gras, Laub und Reisig zu verstecken. Die Nüssestation finden sie auf ihren Suchexpeditionen schnell und lernen bald, den Deckel zu öffnen. Wenn der Futterbaum dicht neben anderen Bäumen steht, können die Hörnchen bei Gefahr schnell flüchten. Es lohnt sich, den Spender auch an warmen Wintertagen mit Nüssen zu füllen. Die Tiere erwachen dann aus ihrer Winterruhe und kommen gerne, um sich eine Stärkung zu holen.

MATERIAL
- Ein sägeraues Brett von 18 cm Breite, 120 cm Länge und 2,5 cm Stärke
- 2 zugeschnittene Plexiglasscheiben, 15 x 18 cm und 20 x 23 cm
- Kleines Scharnier mit zwei passenden Schrauben plus Muttern
- Stift und Lineal
- Holzleim
- Holzschrauben mit 5 cm Länge
- Akkubohrer mit Aufsätzen

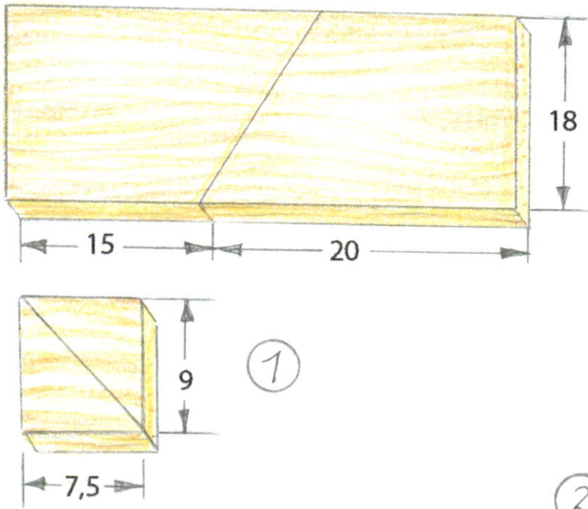
18
15
20
9
7,5
1

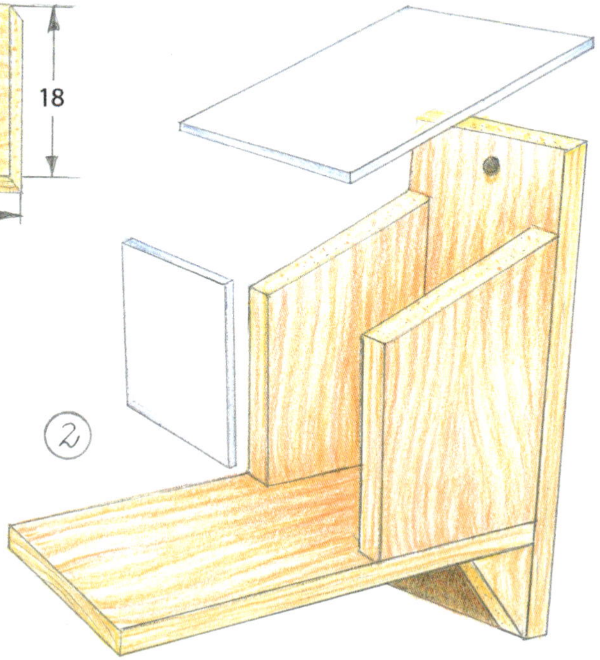
2

Eichhörnchen-Kobel

ZEIT 1 Tag
BAU aufwendig

- Mit dem Teppichmesser die Weidenruten der Länge nach spalten. So werden die Ruten elastischer und lassen sich leichter biegen.
- Schlingen Sie aus einer Rute einen Ring von ca. 40 cm Durchmesser. Insgesamt brauchen Sie etwa 7 solcher Ringe.
- Die Ringe so ineinanderschieben, dass eine Kugel entsteht. An den Kreuzungspunkten mit Blumendraht fixieren.
- Flechten Sie nun weitere Weidenruten ein. Das dickere Ende einer Rute wird ein klein wenig in den Innenraum der Kugel gesteckt, mit einer Hand festgehalten und das schmalere Ende oben, unten, oben, unten usw. verflochten. Enden, die über die Kugel hinausragen, mit der Rosenschere abzwicken.
- Wenn eine lockere Kugel entstanden ist, die Plastikfolie so zurechtschneiden, dass sie die Hälfte der Kugel überdeckt. Diesen Regenschutz nun mit mehreren Ruten nach unten hin sternförmig fixieren und verflechten. Auch hier können Sie Blumendraht verwenden.
- Flechten Sie weitere Ruten ein. Je stabiler Ihre Kugel ist, desto kürzere Ruten können Sie verwenden.
- Wenn alles schön dicht geflochten ist, zwicken Sie mit der Rosenschere auf halber Höhe der Kugel links und rechts zwei faustgroße Löcher – die Eingänge für das Eichhörnchen.
- Von oben ein kleines Loch durch die Folie stechen und die stabile Schnur oder den Draht in den Innenraum fädeln. Von innen ein weiteres kleines Loch stechen und wieder nach oben fädeln. Das ist die Aufhängung.
- Füllen Sie etwas Heu und Moos in das Innere der Kugel, das Hörnchen wird sich daraus selbst sein Nest bauen.
- Befestigen Sie die Kugel in möglichst großer Höhe (4 m aufwärts) unterhalb eines waagrechten Asts (Leiter benutzen!).

MATERIAL

- Viele 2 m lange Weidenruten
- Blumendraht
- Rosenschere, normale Schere
- Teppichmesser
- Stabile Plastikfolie
- Stabile Schnur oder Draht zum Aufhängen

EICHHÖRNCHEN BESIEDELN gern verlassene Nester der Elster, die als einziger Vogel über ihrem Nest einen Regen- und Sichtschutz aus Zweigen baut. Im Winter, wenn die Bäume kahl sind, können Sie diese Nestbauten hoch oben leicht erkennen. Ihre Weidenkugel ahmt diese natürliche Form nach. Die eingearbeitete Folie hält das Nest auch bei Regen trocken. Der zweite Ausgang dient als Notausgang, so fühlt sich das Eichhörnchen sicherer.

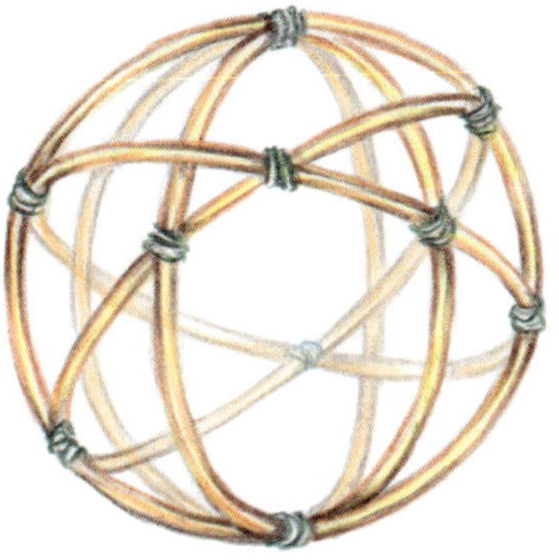

Hütte für Langschläfer

ZEIT 2 Stunden
BAU einfach

- Schneiden Sie von dem Brett für das Haus vier Stücke ab, die einzelnen Bretter sind 2 mal 25 cm und je 1 mal 45 cm und 16 cm lang.
- Das 45 cm lange Brett längs hinlegen, von der oberen linken Ecke 25 cm nach rechts messen und die Stelle mit einem Stift markieren, dann von der unteren rechten Ecke 25 cm nach links messen und ebenfalls markieren. Die beiden Markierungspunkte verbinden Sie mit einer Linie und sägen hier das Brett in zwei Teile.
- Das erste 25-cm-Brett dient als Rückwand. Legen Sie es vor sich hin und setzen Sie die schräg zugeschnittenen Seitenteile links und rechts an, die schmaleren Seiten zeigen dabei nach vorne. Dann leimen und verschrauben.
- Das zweite 25-cm-Brett ist das Sitzbrett der Hütte. Setzen Sie es unten auf, dann verleimen und verschrauben.
- Jetzt das 16-cm-Brett für die Vorderwand auf dem Bodenbrett ansetzen. Oben bleibt ein ca. 4 cm hoher Schlitz. Verleimen und verschrauben.
- Füllen Sie nun den entstandenen Raum locker mit trockenen Laub und Heu.
- Bringen Sie anschließend das Dachbrett an. Es steht links und rechts ein wenig und vorne stark über. Verleimen und verschrauben Sie es.
- Auf der Rückseite die Dachlatte mittig mit den längeren Schrauben sicher festschrauben.
- Befestigen Sie die Hütte in 3 bis 4 m Höhe an einem Baumstamm. Es sollte Richtung Osten zeigen.

SIEBENSCHLÄFER UND Gartenschläfer durchstreifen ihr weiträumiges Revier und suchen dabei eine Vielzahl von Verstecken auf. Ein guter nächtlicher Schlafplatz oder ein sicheres Plätzchen im Winter werden immer wieder gerne angenommen. Der Schlitz, versteckt unter dem weit vorspringenden Dach, ist für Vögel schlecht zu erkennen, während der Bilch ihn von dem Sitzbrett aus leicht erreichen kann. In dem trockenen Nest hat er so keine Störung durch Vögel zu befürchten. Das Nestmaterial formt der lustige Kerl selbst zu einer warmen Kugel. Gerne können Sie für ihn mehrere Hütten im Garten aufhängen.

MATERIAL

- Ein sägeraues Brett von 18 cm Breite, 120 cm Länge und 2,5 cm Stärke (Haus)
- Ein sägeraues Brett von 20 cm Breite und 30 cm Länge (Dach)
- Stift und Lineal
- Holzleim
- Holzschrauben von 5 cm und 6,5 cm Länge
- Akkubohrer mit Aufsätzen
- 50 cm lange Dachlatte

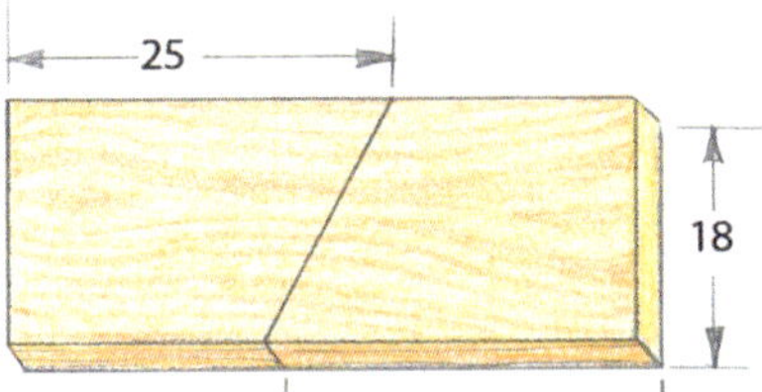

①

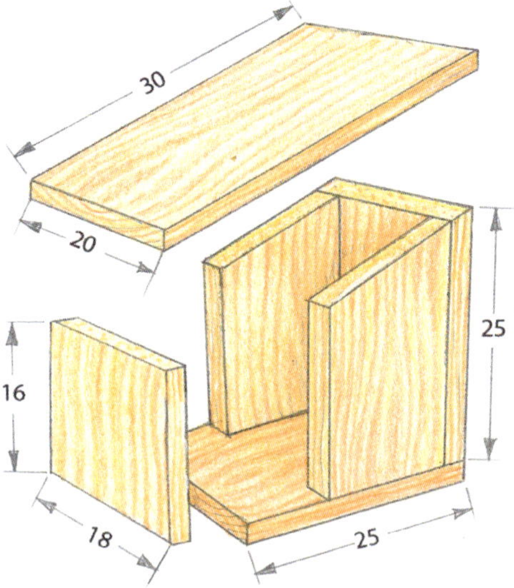

②

Igeltruhe

ZEIT halber Tag
BAU einfach

- Schlagen oder schneiden Sie den Boden Ihrer Holztruhe aus.
- An den beiden Längsseiten des Deckels je eine Dachlatte als zusätzliche Traufkante anschrauben. Der Deckel muss sich noch öffnen lassen.
- Verlegen Sie die Bitumenschindeln nach der Anleitung auf der Packung von den beiden Seiten in Längsreihen nach oben. Die Firstabdeckung bringen Sie ganz zum Schluss an.
- Wenn Sie möchten, imprägnieren Sie die Außenwände der Truhe mit umweltfreundlicher Farbe oder Bienenwachs.
- Stellen Sie die Truhe an geeigneter Stelle in Ihrem Garten auf, ideal sind ein Platz unter einem großen Strauch und eine Ausrichtung in Ost- bis Südrichtung.
- Setzen Sie die Truhe an den vier Ecken auf vier Klinkersteine, damit das Holz keinen direkten Kontakt mit dem Boden hat und nicht zu faulen beginnt. Der Spalt zwischen Boden und unterem Truhenrand soll etwa 10 cm betragen.
- Öffnen Sie den Deckel und füllen Sie locker das gesamte Volumen der Truhe mit trockenem Laub. Schließen Sie den Deckel. Fertig!

VON ALLEN Säugetieren bekommen Igel in Deutschland am spätesten im Jahr ihre Jungen. Die meisten Igelkinder werden erst im August geboren. Deswegen ist ein trockenes Nest enorm wichtig. Natürliche Materialien sorgen für eine perfekte Dämmung. Das gedeckte Dach hält den großen Raum auch im Winter zuverlässig trocken. Die Igel formen das locker eingefüllte Material selbst zu einem kompakten Nest und sparen so viel Wärmeenergie.

MATERIAL
- Holztruhe mit gewölbtem Deckel, mindestens 60 × 40 cm Grundfläche und 30 cm hoch
- 4 Klinkersteine
- Bitumendachschindeln (Baumarkt)
- 2 Dachlatten von der Breite der Kiste
- Akkubohrer mit Aufsätzen
- Eventuell Stichsäge oder Hammer
- Trockenes Laub, Stroh oder Heu

①

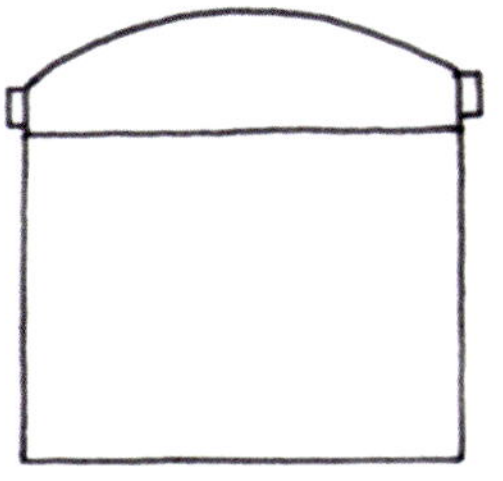

②

Quartier für Fledermäuse

Zeit 4 Stunden
Bau mittel

- Schneiden Sie von dem Brett mehrere Stücke ab. Die einzelnen Bretter sind 2 mal 50 cm und 4 mal 40 cm lang.
- Ein 40-cm-Brett der Länge nach halbieren. Sie haben nun zwei 10 cm breite Bretter. Das sind die Seitenwände.
- Vom zweiten 40-cm-Brett schneiden Sie der Länge nach ein 5 cm breites Brett ab, das andere Brett ist 15 cm breit. Sie bilden das Einflugbrett und das Dach.
- Für die Rückwand die beiden 50-cm-Bretter zu einer Fläche nebeneinanderlegen. Die Oberflächen mit einem großen Schraubenzieher aufrauen und mit horizontalen Fräsrillen versehen.
- Für die Vorderwand die beiden verbliebenen 40-cm-Bretter ebenfalls nebeneinanderlegen.
- Die sechs Teile zu einem geschlossenen Kasten verleimen und verschrauben. Der ca. 5 cm breite Einflugschlitz befindet sich unten. Das Deckelbrett schließt nach oben.
- Den Kasten komplett mit Dachpappe überziehen. Diese mit kleinen rostfreien Nägeln befestigen.
- Auf der Rückseite mittig die 70-cm-Dachlatte festschrauben.
- Befestigen Sie die Wochenstube regengeschützt an einer Wand oder einem Baumstamm in mindestens 3 bis 4 m Höhe und mit dem Eingang nach Osten oder Südosten.

Ein freier Anflug auf den Kasten ist wichtig, ebenso eine Besonnung in den frühen Morgenstunden. In der Wochenstube werden im Sommer die Jungen aufgezogen, dort hängen die Fledermäuse dann dicht an dicht. Der Kot fällt nach unten aus dem Kasten, eine Reinigung erübrigt sich damit. Zugluft mögen die Tiere überhaupt nicht, deswegen ist alles mit Dachpappe überzogen. Ab Mittag soll der Kasten beschattet sein. Die Überwinterung findet in frostfreien Höhlen, Bunkern oder frei zugänglichen Kellern statt.

Material

- Ein sägeraues Brett von 20 cm Breite, 260 cm Länge und 2,5 cm Stärke
- Stift und Lineal
- Holzleim
- Holzschrauben
- Akkubohrer mit Aufsätzen
- Dachpappe und Reißnägel
- stabiler Schraubenzieher zum Aufrauen

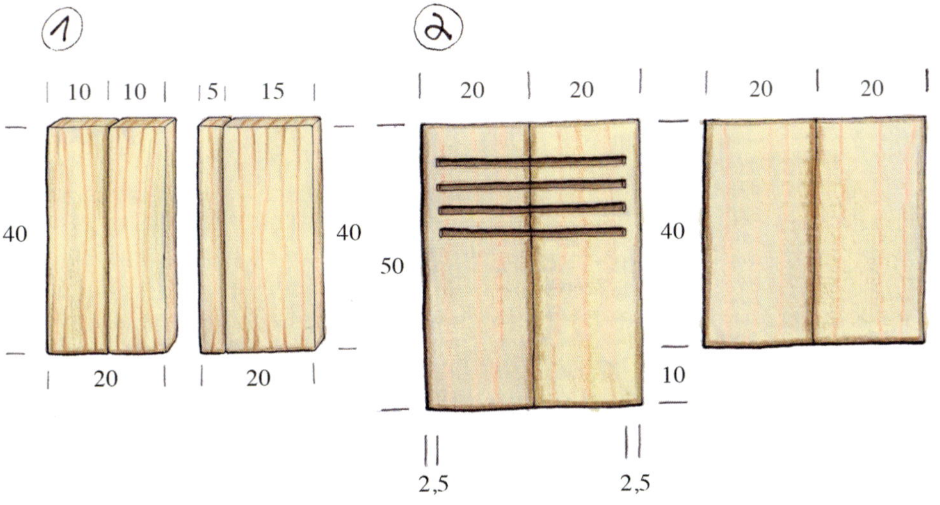
1
10 10
5 15
40
40
20
20
2
20 20
20 20
50
40
10
2,5
2,5

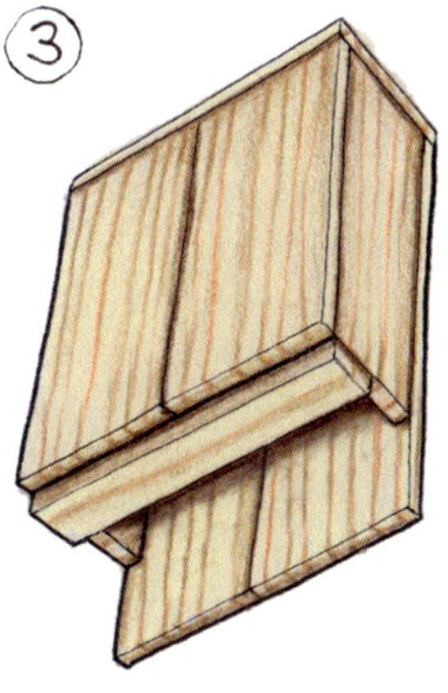
3

Meisenknödel-Mütze

Zeit 1 Tag
Bau mittel

- Sie können stricken? Na dann los ...
- 40 Maschen anschlagen, je 10 auf 4 Nadeln, zur Runde schließen.
- 5 Runden rechts stricken, dann 3 mal die ersten 2 Maschen jeder Nadel rechts zusammenstricken.
- Nach 3 Runden wieder die ersten 2 Maschen bei jeder Nadel rechts zusammenstricken, bis alle Maschen verbraucht sind.
- Die letzten 2 Maschen mit einem Faden zusammenziehen und aus 40 Luftmaschen den Aufhänger häkeln, alles sauber vernähen.
- In der Waschmaschine bei 60 Grad im Normalwaschgang mit einer Jeans ohne Weichspüler filzen.
- Die Zipfelmütze nach dem Waschen in Form bringen, z. B. indem Sie sie über eine leere Plastikflasche ziehen und trocknen lassen.
- Den Meisenknödel einsetzen, mit einem Spieß fixieren und in einem Baum oder Strauch gut sichtbar aufhängen.

Wenn Sie farbige Wolle verwenden, spendet ein voll behängter Strauch nicht nur Nahrung, sondern sieht auch noch gut aus. Filz ist wasserabweisend und der Knödel unter der Haube daher vor Nässe geschützt – und außerdem für ungebetene Gäste unerreichbar. Meisen können sich auf der natürlichen Oberfläche leicht kopfüber nach unten hängen und das Futter erreichen.

Material

- 50 Gramm dicke Filzwolle (100 % Merino-/Schurwolle)
- 1 Nadelspiel Größe 8
- 1 Meisenknödel
- Spieß aus Holz oder Metall

Meisen-Wohnmütze

ZEIT 1 Tag
BAU schwierig

MATERIAL
- 150 Gramm dicke Filzwolle (100 % Merino-/Schurwolle)
- 1 Nadelspiel Größe 8
- Zeitungspapier
- Brett, ca. 20 × 20 cm, 2,5 cm dick
- Stichsäge
- Akkubohrer mit Aufsätzen
- Stabile Schnur und dicke Stopfnadel
- Teppichmesser

- 80 Maschen anschlagen, auf 4 Nadeln je 20. Zur Runde schließen.
- 4 Runden 1 rechts, 1 links stricken, damit sich der untere Rand nicht einrollt. Dann glatt rechts weiterstricken, bis ein Knäuel verbraucht ist.
- Zweites Knäuel, in jeder dritten Runde die ersten 2 Maschen zusammenstricken bis das Knäuel verbraucht ist.
- Drittes Knäuel, immer am Anfang jeder Nadel die ersten 2 Maschen rechts zusammenstricken, bis das Knäuel verbraucht ist.
- Die letzten 4 Maschen mit einem Faden zusammenziehen und aus 30 bis 60 Luftmaschen einen passenden Aufhänger häkeln und alles sauber vernähen. Das Ergebnis ist eine schöne Mütze von ca. 30 cm unterem Durchmesser und 30 cm Höhe.
- In der Waschmaschine bei 60 Grad im Normalwaschgang mit einer Jeans ohne Weichspüler filzen, dabei schrumpft das Werk auf ca. 20 × 20 cm.
- Die Mütze nach dem Waschen in Form bringen, z. B. durch Ausstopfen mit Zeitungspapier, und trocknen lassen.
- Mit dem Teppichmesser ein passendes rundes Einflugloch ausschneiden. Für Kohlmeisen brauchen Sie 32 mm, für Blaumeisen 28 mm Durchmesser.
- Die untere Öffnung auf ein Brett aufsetzen, rundum markieren und mit der Stichsäge ein passendes rundes Bodenbrett ausschneiden.
- Am Rand des Bodensbretts im Abstand von 1–2 cm kleine Löcher bohren. Dann das Brett mit Hilfe einer stabilen Schnur fest mit der Filzmütze verbinden. Verwenden Sie dazu eine dicke, stabile Stopfnadel.

DURCH VERWENDUNG unterschiedlich farbiger Wolle können Sie auch dem Menschenauge etwas bieten. Filz ist wasserabweisend, in den Nestbereich dringt daher kaum Wasser. Die Oberseite können Sie zusätzlich mit Bienenwachs imprägnieren oder in einem gut belaubten Baum oder unter einem Dachüberstand aufhängen. Zur Reinigung müssen Sie die Schnur wieder öffnen und die Bodenplatte entfernen. Je nach Größe des eingeschnittenen Fluglochs ist die Meisenwohnmütze für die unterschiedlichsten Vögel geeignet.

Nachtkästchen für Hornissen

ZEIT 3 Stunden
BAU einfach

- Schublade herausnehmen und in den Boden großzügig Löcher bohren. Diese mithilfe einer Stichsäge oder Feile zu Schlitzen von mehreren cm Länge und mindestens 3 cm Breite erweitern.
- Die Schublade komplett mit möglichst mürbem Totholz füllen.
- Die Schublade wieder einsetzen. Wenn es zwischen Schub- und Türfach einen Zwischenboden gibt, sägen Sie ein großes Loch hinein, damit die Tiere unten an die Schublade herankommen.
- Für das Eingangsloch genau in die Mitte der Tür untereinander ein paar Löcher bohren und mithilfe einer Stichsäge oder Feile zu einem Schlitz von 6 cm Länge und 2 cm Breite erweitern.
- Als Feuchtigkeitsabfluss in den Boden ein paar kleine Löcher bohren. Alle gesägten und gebohrten Öffnungen mit Schleifpapier glatt reiben.
- Die Tür öffnen und den Boden ca. 10 bis 15 cm hoch mit Totholz als zusätzlichem Baumaterial auslegen. Zur Belüftung in den Boden ein paar Löcher bohren.
- Die Tür schließen und so fixieren, dass sie nicht mehr von alleine aufgeht.
- Hängen Sie das Kästchen an einem Baumstamm in mindestens 2 m Höhe sehr stabil auf (besiedelt wiegt es etliche Kilo!). Bohren Sie in die linke und rechte Seite des Kastens unterhalb der Schublade je ein Loch. Einen stabilen Draht durchziehen, mit einem Stück altem Gartenschlauch ummanteln, die beiden Drahtenden fest und sicher verzwirbeln und den Kasten damit an einer Astgabel aufhängen.

ALTE HOLZNACHTKÄSTCHEN finden Sie im Internet oder auf dem Flohmarkt. Ihr Holz ist meist unbehandelt und daher als Nistort gut geeignet. Hornissen besiedeln häufig Baumhöhlen in morschen Bäumen. Ihr wunderschönes gelbes bis rötliches Papiernest bauen sie aus dem zerkauten Totholz. In der Schublade des Hotels stellen Sie den Hornissen ihr bevorzugtes Baumaterial zur Verfügung. Das Nest wird von unten an die Schublade angebaut. Da Hornissen Wärme lieben, können Sie das Kästchen direkt an einem Baumstamm in voller Sonne anbringen.

MATERIAL
- Holznachtkästchen mit Schublade und Tür (Höhe ca. 80 bis 90 cm, Breite ca. 30 cm)
- Akkubohrer mit Bohraufsatz, Holzfeile
- Holzschrauben
- Stichsäge
- Schleifpapier
- Totholz
- Befestigungsmaterial, eventuell zusätzliche Drahtsicherung

Hummelkiste Souterrain

ZEIT 3 Stunden
BAU mittel

- Von dem Brett 2 mal 18,5 cm und 4 mal 23,5 cm lange Abschnitte abschneiden.
- Die zwei kurzen und zwei lange Bretter zu einem Holzrahmen zusammenfügen, verleimen und verschrauben. Die Seitenlänge des Holzrahmens ist auf allen Außenseiten 23,5 cm.
- Für das Dach die beiden restlichen Bretter bündig nebeneinanderlegen. Den Rahmen daraufstellen, mit einem Stift auf einer Seite den Überstand markieren und diesen absägen. Verleimen und verschrauben.
- Die 22,5 cm hohe Kiste nun mit der Öffnung nach unten auf den Tisch stellen. Sie bleibt unten offen.
- Die Mitte der Vorderseite ausmessen und 4 cm unter der Kistenoberkante ein 3 cm großes Loch bohren.
- Die Kiste umdrehen und locker mit trockenem Moos füllen.
- Ideal für Ihre Hummelkiste ist ein Platz halb unter einem Strauch, der vormittags von der Sonne beschienen ist.
- Graben Sie mit dem Spaten ein 25 cm tiefes Loch der Kantenlänge 30 cm.
- Das Loch 10 cm hoch mit Sand auffüllen, sodass es nun noch 15 cm tief ist. Jetzt die gefüllte Kiste umgedreht auf das Sandbett setzen. Die gebohrte Öffnung ist oben und zeigt nach vorne.
- Die Ränder des ausgehobenen Lochs ringsum auf Bodenniveau mit Sand auffüllen, diesen Sand festklopfen. Das vorgebohrte Loch zeigt nun ebenerdig nach vorne.
- Nun mit einem kleinen Stock durch das Loch einen Hohlraum in das Moosnest stoßen.
- Die aus dem Boden schauende Kiste gut mit Totholz oder Bruchsteinen bedecken. Das Loch muss aber von außen gut sichtbar sein.
- Bei Bedarf kann ein zusätzlicher Wachsmottenschutz vor dem Einflugsloch angebracht werden.

WICHTIG: DER SAND umgibt die Hummelkiste und leitet bei Niederschlägen das Wasser nach unten ab. Wichtig ist ein gut temperierter Platz: Vollsonnige Plätze sind ebenso ungeeignet wie tiefer Schatten. Die Hummelköniginnen suchen sehr zeitig im Frühjahr zwischen Steinen und Totholz nach geeigneten Löchern. Der Innenraum wird von der Königin sehr genau untersucht, denn Temperatur und Feuchtigkeit müssen stimmen. Nester werden nur einmal besiedelt. Sie sollten daher im Folgejahr ganz auflösen und mit frischem Moos bestücken.

MATERIAL

- Ein sägeraues Brett von 20 cm Breite, 150 cm Länge und 2,5 cm Stärke oder eine Holzkiste etwa in der Größe 23 × 23 × 23 cm
- Stift und Lineal
- Holzschrauben von 5 cm Länge
- Akkubohrer mit Aufsätzen
- Eimer Sand
- Trockenes Moos und kleiner Holzstecken
- Totholz oder Bruchsteine

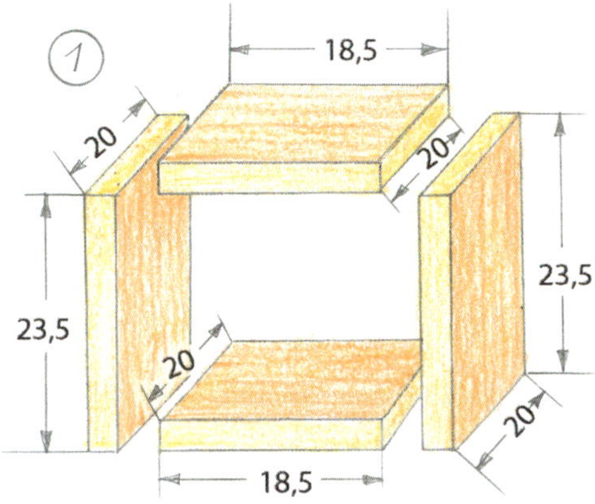
1
18,5
20
20
23,5
23,5
20
20
18,5

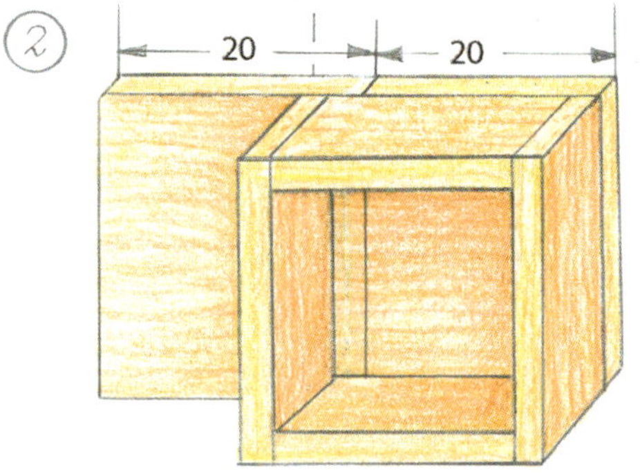
2
20
20

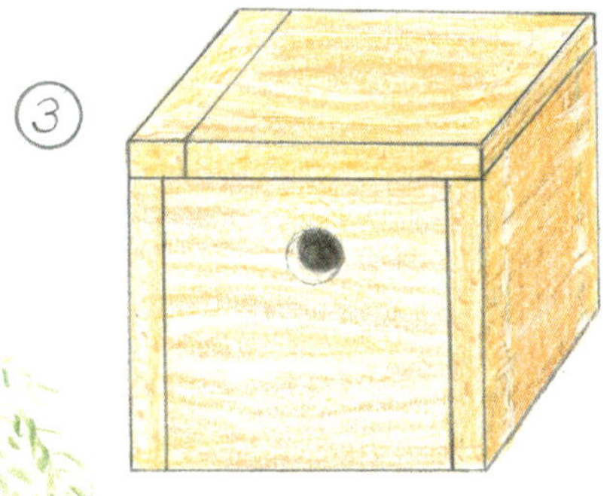
3

Module für Wildbienen

Zeit 3 Stunden pro Einzelraute
Bau mittel

Material pro Einzel-raute

- Ein sägeraues Brett von 14 cm Breite, 145 cm Länge und 2,5 cm Stärke
- Zwei Bretter 20 mal 25 cm und 20 mal 22,5 cm, je 2,5 cm dick (Dachteile)
- Holzleim
- Säge, Stift und Lineal
- Holzschrauben von 5 cm Länge
- Pro Modul ein stabiler Aufhänger
- Akkubohrer mit Aufsätzen
- Füllmaterial (siehe folgende Doppelseite)

- Schneiden Sie von dem 145 cm langen Brett 2 mal 16,5 cm und 4 mal 21,5 cm lange Bretter ab.
- Die zwei kurzen und zwei lange Bretter zu einem Holzrahmen zusammenfügen. So verleimen und verschrauben, dass die Seitenlänge ihres Holzrahmens auf allen Außenseiten 21,5 cm beträgt.
- Die zwei restlichen Bretter bündig nebeneinanderlegen – das wird die Rückwand. Den Rahmen darauflegen, auf einer Seite mit dem Stift den Überstand markieren und diesen dann absägen.
- Die Rückwand der Kiste verleimen und verschrauben. Das ist Ihre erste Einzelraute. Sie können sie noch mit Zwischenwänden verschiedenster Form einteilen und hübsch gestalten.
- Die Raute in Kopfhöhe an einer Wand aufhängen, dazu einen stabilen Aufhänger an die Rückwand setzen und an einem Nagel oder einer Wandschraube an der Wand befestigen. Bringen Sie links und rechts die Dachbretter an, wenn Sie einen Wetterschutz brauchen.
- Füllen Sie die Raute mit den richtigen Materialien. Tipps und Hinweise dazu finden Sie weiter unten.
- Wenn Sie Ihr Hotel erweitern wollen, bauen Sie sich einfach weitere Rauten. Diese können Sie dann eine nach der anderen an jeweils eigenen Aufhängern darunter aufhängen. In die nächste Reihe passen 2 Rauten, dann 3, dann 5 usw.
- Das Dach können Sie ganz einfach verlängern, indem Sie links und rechts 20 cm breite und 19,5 cm lange Bretter an die äußeren Rauten schrauben.

Die beschriebene Modulbauweise hat zwei große Vorteile. Ihr Hotel ist von der ersten Raute an immer fertig und in sich abgeschlossen und kann jederzeit stückweise erweitert werden. Doch Vorsicht, je größer eine solche Anlage wird, desto eher können sich Parasiten, Gegenspieler der Wildbienen und Krankheiten breitmachen.

Das Bohren der Löcher in Stirnholz wird oft kritisiert. Wenn die Löcher sauber und geglättet sind, werden sich keine Bienen die Flügel verletzen, wie oft behauptet wird. Fransige Löcher werden schlichtweg nicht besiedelt. Da nur 30 von unseren 550 einheimischen Wildbienen überhaupt künstliche Nisthilfen besiedeln, ist die Anlage eines Sandariums empfehlenswert (Seite 62).

1

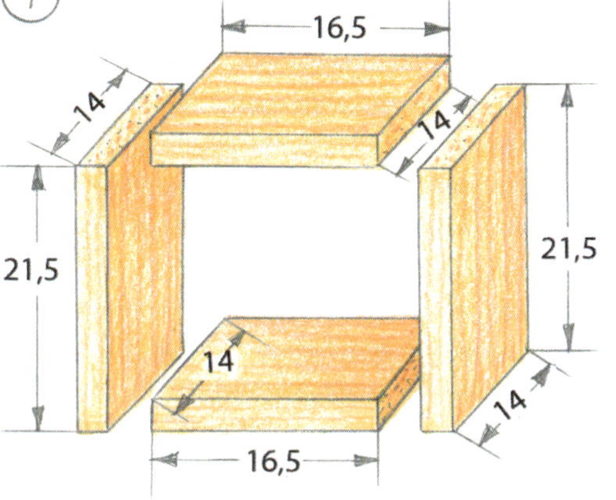

2

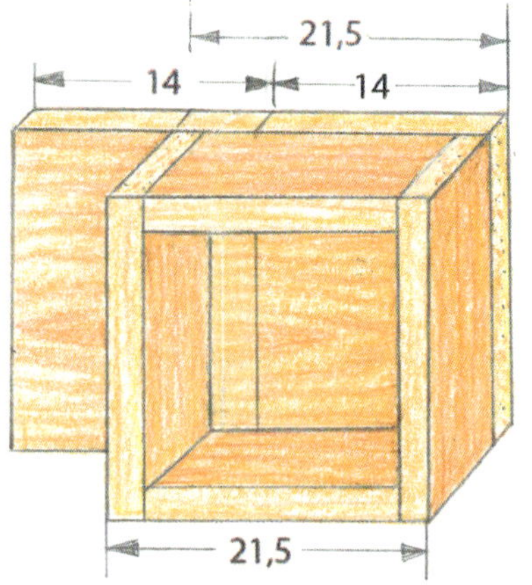

3

Füllmaterial: Verschiedene Materialien wie Totholzscheiben und -blöcke, Schilf, Papp-Niströllchen, Bambus, ausgehöhlte Holunderzweige, Terrassendielen mit Nut, Strangfalzziegel, alle auf 14 cm Tiefe geschnitten. Eventuell Lehm.

- Geben Sie ein wenig Holzleim auf die Bodenfläche.
- Die großen Teile (angebohrte Holzscheiben, Holzblöcke oder Totholzanschnitte) wie gewünscht in Ihrer Raute anordnen.
- Terrassendielen haben unten oft mehrere eingefräste Nuten und eignen sich hervorragend, um ganz ohne Bohren Löcher zu gestalten. Wenn die Bretter mit der gleichen Seite nach oben eingeschichtet werden, ergeben sich kleine Löcher. Wird beim Einschichten jedes zweite Brett gedreht, ergeben sich in jeder zweiten Reihe größere Löcher. Verwenden Sie für die Wildbienen unbehandelte Dielen.
- Strangfalzziegel können Sie mit der Flex in der Länge halbieren. Bei der Hälfte mit den durchgehenden Gängen sollten Sie diese auf der Rückseite mit etwas Ton oder Lehm verschließen – Wildbienen wünschen sich ja geschlossene Gänge. Möglicherweise sind die Löcher an der Vorderseite nicht ganz sauber verarbeitet, in diesem Fall können Sie sie noch sauber aufbohren, dann werden sie besser angenommen.
- Holunderzweige eignen sich hervorragend zum Herstellen eigener Röhrchen. Schneiden Sie im Herbst lange, gerade Zweige und lagern diese trocken über Winter. Im Frühling 14 cm lange Stücke abschneiden. Den Bast entfernen, dazu die Abschnitte in einen kleinen Schraubstock klemmen und sauber freibohren.
- Fertig gekaufte Pappröllchen (Bezugsadresse Seite 92) haben eine Länge von 14 cm und eignen sich sehr gut zum Einschichten.
- Füllen Sie die Restfläche schön dicht mit zugeschnittenen Schilf, zugesägtem hohlem Bambus oder den ausgehöhlten Holunderzweigen. Ecken oder Restflächen können Sie mit feuchtem Lehm ausstopfen.
- Glätten Sie mit Schleifpapier die Oberfläche des Füllmaterials sauber nach, damit die Bienen sich nicht verletzen. Sie nehmen so die Nisthilfe viel lieber an.

Die beschriebenen Füllmaterialien sind besonders für Wildbienen geeignet – ich empfehle, das Hotel ausschließlich für sie zu bauen. In diesem Buch gibt es für die anderen Nützlinge eigene und bessere Alternativen als in den fertig zu kaufenden Insektenhotels, bei denen viele Bereiche oft gar nicht besiedelt werden.

Warme Kiste für Florfliegen

ZEIT 3 Stunden
BAU mittel

- Schneiden Sie von dem Brett 3-mal 40 cm und 2-mal 25 cm lange Bretter ab.
- Von der Dachlatte schneiden Sie sieben 20 cm lange Stücke ab.
- An ein 40 cm langes Brett zu beiden Seiten die beiden anderen Bretter der Länge nach festleimen und anschrauben.
- Die beiden 25 cm langen Bretter sind Deckel und Boden. Anleimen und von oben und unten anschrauben. Das Ergebnis ist eine kleine, vorne offene Holzkiste.
- Den Boden und die Seitenwände dieser Schachtel mit Styropor auskleiden. Die einzelnen Teile vorher mit dem Lineal genau ausmessen und mit dem Fuchsschwanz zuschneiden.
- In das restliche Volumen schichten Sie nun locker Rindenstücke, trockenes Laub und Fichtenzapfen.
- Die kleine Kiste nun mit den 20-cm-Abschnitten der Dachlatte von oben nach unten verschließen. Zwischen den einzelnen Abschnitten bleibt jeweils ein Schlitz von 1 cm Breite. Bei 7 Latten ergeben sich 6 Schlitze. Die Latten werden verleimt und verschraubt.
- Die Seite mit den Schlitzen ist die Rückwand. Die Florfliegen können links und rechts durch die seitlichen Öffnungen herein und wieder hinausschlüpfen. Die beiden Schraubösen oben links und rechts an der Rückwand eingedrehen. Hier können Sie dann Schnur oder Draht zum Aufhängen einfädeln.
- Befestigen Sie den Turm regengeschützt an einer Wand, die nach Osten oder Süden weist.

FLORFLIEGEN SIND sehr zarte Wesen und lieben es, gut gedämmt zu überwintern. Das Innenmaterial muss locker geschichtet sein, damit die Insekten tief in das Hotel vordringen können, ohne sich zu verletzen. Die eingebrachten Fichtenzapfen und Rindenstücke lassen viele Zwischenräume. Zum Aufhängen sind Hauswände am geeignetsten, denn diese nehmen bei Sonnenbestrahlung Wärme auf und geben sie in der Nacht wieder ab. Das macht den Innenraum des Turmes kuschelig warm, und das eingearbeitete Styropor hält die Wärme lange im Hotel.

MATERIAL

- Ein sägeraues Brett von 20 cm Breite, 200 cm Länge und 2,5 cm Stärke
- Dachlatte 150 cm (Standard 24 mm × 48 mm)
- Holzleim
- Holzschrauben
- Akkubohrer mit Aufsätzen
- 2 Schraubösen
- Styroporplatte, 1 cm dick, fein gezähnte Fuchsschwanzsäge
- Stabile Schnur oder Draht
- Rindenstücke, Laub, Kiefernzapfen

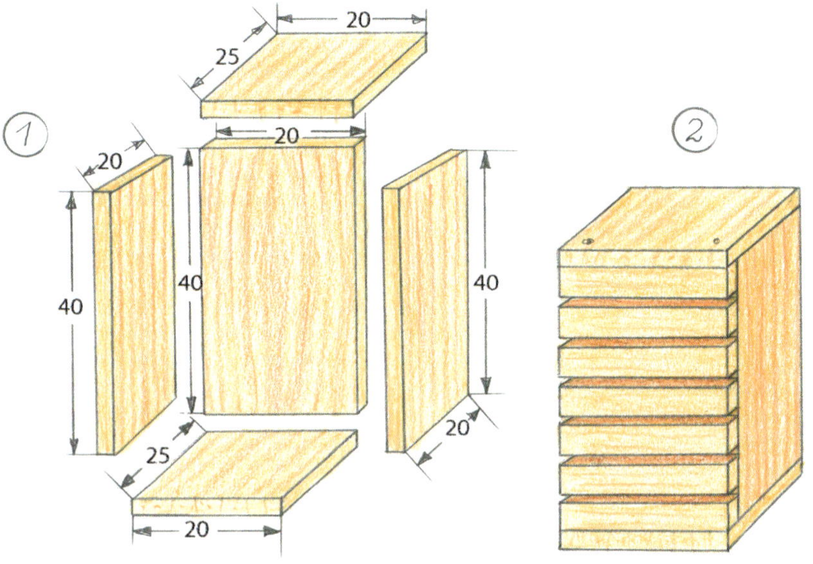
1
20
25
20
20
40
40
40
25
20
20
2

Warme Kiste für Marienkäfer

ZEIT 3 Stunden
BAU mittel

- Schneiden Sie von dem Brett 6-mal 30 cm und 2-mal 25 cm lange Stücke ab.
- Von einem der 25 cm langen Bretter der Länge nach einen halben cm abschneiden, es ist nun nur noch 19,5 cm breit.
- Dieses Brett, eines der 25-cm-Bretter und zwei 30-cm-Bretter zu einem Holzrahmen zusammenfügen, verleimen und verschrauben. Dessen Seitenlänge beträgt auf allen Außenseiten 30 cm. Eine Seite ist einen halben cm niedriger (das wird später der Eingang).
- Zwei der restlichen Bretter bündig nebeneinanderlegen. Den Rahmen darauflegen, mit einem Stift auf einer Seite den Überstand markieren und diesen absägen (siehe Zeichnung 2 Seite 41). Zu einer kleinen Kiste verleimen und verschrauben.
- Den Boden und die Seitenwände dieser Kiste mit vorher zugesägten Styroporstücken auskleiden. Das Styropor hält von alleine, wenn Sie ganz exakt ausmessen.
- Den restlichen Raum vollständig mit Rindenstücken füllen. Diese können Sie auf einem Waldspaziergang sammeln. Lassen Sie sie einige Tage trocknen, dann ringeln sich die großen Stücke oft noch etwas ein. So entstehen Höhlungen für die Käfer.
- Nun die Kiste mit den beiden restlichen nebeneinandergelegten Brettern schließen. Dazu gehen Sie vor wie beim Bodenstück. Das Ergebnis ist eine geschlossene Kiste mit einem Schlitz auf einer Seite.
- Die Rückwand ist die Seite mit dem Schlitz. Die beiden Schraubösen drehen Sie oben links und rechts an der Rückwand ein. Hier können Sie dann die Schnur einfädeln.
- Befestigen Sie den Kasten regengeschützt nach Osten oder Süden zeigend an einer Wand. Der Schlitz ist der Eingang und befindet sich direkt an der Wand.

MARIENKÄFER LIEBEN es beim Überwintern eng und warm. An schönen Spätherbsttagen genießen sie die wärmenden Sonnenstrahlen. Wenn es dämmert und die Temperaturen sinken, sind sie schnell wieder durch den Schlitz in ihrem Hotel verschwunden. Hauswände sind zum Aufhängen am besten geeignet, denn die Wand wärmt sich bei Sonnenbestrahlung auf und gibt die Wärme in der Nacht wieder ab – auch in den gedämmten Innenraum der Kiste.

MATERIAL

- Ein sägeraues Brett von 20 cm Breite, 240 cm Länge und 2,5 cm Stärke
- Stift und Lineal
- Holzleim
- Holzschrauben von 5 cm Länge
- Akkubohrer mit Aufsätzen
- 2 Schraubösen
- Etwas Styroporplatte, 1 cm stark
- Fein gezähnte Fuchsschwanzsäge
- Stabile Schnur oder Draht
- Rindenstücke

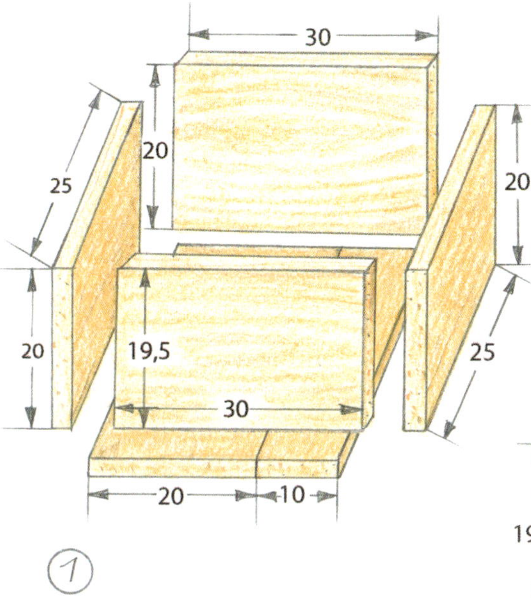
30
20
25
20
20
19,5
30
25
20
10
1

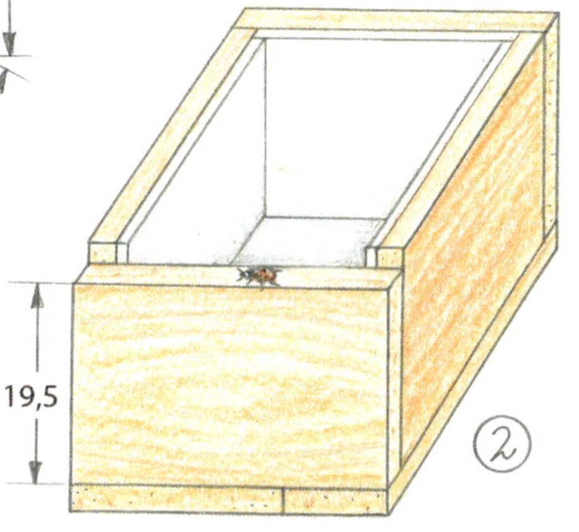
19,5
2

Ohrwurm-Erker

ZEIT 1,5 Stunden
BAU mittel

- Schneiden Sie von dem Brett 3 Stücke ab, die einzelnen Bretter sind 28, 25 und 23,5 cm lang.
- Bei dem 25 cm langen Brett ziehen Sie einen Strich von einer Ecke zur anderen. An dieser Linie schneiden Sie das Brett in zwei gleiche Teile.
- An das 28-cm-Brett setzen Sie nun die beiden dreieckigen Holzteile mit der längsten Seite links und rechts bündig an. Die schmalen Spitzen zeigen dabei nach unten. Verleimen und Verschrauben.
- An der oberen Kante der dreieckigen Seitenwände das 23,5-cm-Brett bündig ansetzen. Nach unten bleibt ein Spalt offen.
- Nun stopfen Sie Holzwolle von oben in den Ohrwurm-Erker, bei der unteren Öffnung ziehen Sie etwas Holzwolle hervor. Das 15 × 15 cm große Brett wird als Dach oben angeleimt und verschraubt.
- Die beiden Schraubösen drehen Sie hinten am Dach oben links und rechts ein. Hier können Sie dann zum Aufhängen Schnur oder Draht einfädeln.
- Befestigen Sie den Erker an einem Baumstamm, indem Sie die Schnur an der untersten Astgabel festbinden oder den Draht darüberhängen.

OHRWÜRMER LIEBEN es eng in ihrer Behausung, stopfen Sie daher die Holzwolle nicht zu locker aber auch nicht zu fest in den Erker. Ohrwürmer können fliegen, sind aber lieber und viel öfter zu Fuß unterwegs. Die Erker deswegen nicht zu hoch in den Bäumen aufhängen. Der Erker soll flach am Stamm anliegen und nicht frei in der Luft schwingen. Über die herausstehende Holzwolle finden die Insekten leicht in die Behausung. Bauen Sie mehrere Erker. Sie können sie dann immer wieder umhängen und dort hinbringen, wo ein Blattlausbefall es gerade sinnvoll erscheinen lässt. Die Ohrwürmer überwintern nicht in den Erkern, sondern tief im Boden oder zwischen Steinen an frostfreien Orten.

MATERIAL

- Ein sägeraues Brett von 12 cm Breite, 80 cm Länge und 2,5 cm Stärke
- Ein sägeraues Brett von 15 cm Breite und 15 cm Länge (Dach)
- Stift und Lineal
- Holzleim
- Holzschrauben von 5 cm Länge
- Akkubohrer mit Aufsätzen
- 2 Schraubösen
- Stabile Schnur oder Draht
- Holzwolle

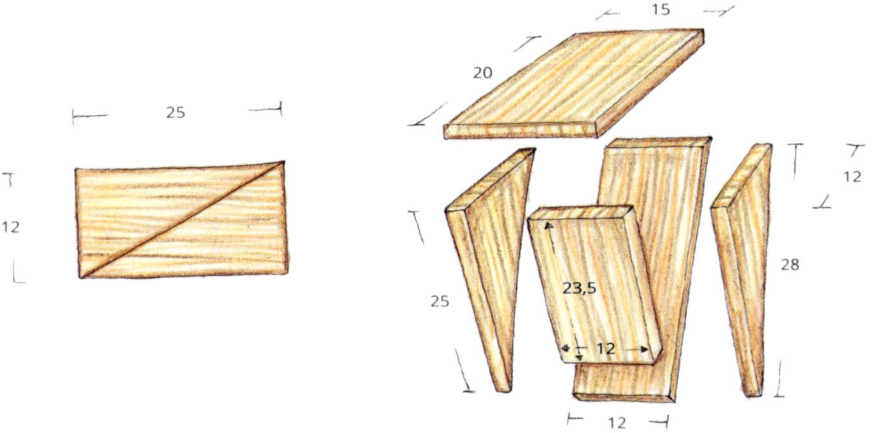
25
12
15
20
12
28
25
23,5
12
12

Projekte für Wohngemeinschaften

Eins für Viele

Mit den Bauwerken in diesem Kapitel helfen Sie auf einen Schlag gleich mehreren Nützlingsarten. Die Multikulti-Projekte lassen sich leicht variieren; Sie haben damit also vielfältige Möglichkeiten, Ihren Garten kreativ zu bereichern.

Jedes Projekt ist für bestimmte Nützlingsarten ganz besonders hilfreich – man könnte sagen, es verdient für einige Arten das Prädikat „besonders wertvoll". Mit einigen Beispielen möchte ich Ihnen zeigen, warum.

Beispiel Reisighaufen

Der Zitronenfalter überwintert in Reisighaufen. Im Sommer können Sie ihm mit einer Pflanzenkombination helfen (Seite 80).

Ein Reisighaufen (Seite 54) – wie kann etwas so Einfaches ein wertvoller Platz für Nützlinge sein? Doch gerade dieses Beispiel zeigt, wie enorm vielseitig simple Lösungen sein können.

Für Insekten

Jeder Nützling hat seine Lieblingsplätze, die immer durch seine Lebensweise bestimmt sind. Der Zitronenfalter etwa ist einer der wenigen Schmetterlinge, die bei uns als Falter überwintern. Für die Überwinterung sucht er im Gegensatz zu Kleiner Fuchs und Tagpfauenauge niemals künstlich gebaute Strukturen oder Gebäude auf; er will unbedingt im Freien bleiben. In der Mitte eines Reisighaufens kann er die kalte Jahreszeit gut verbringen. Ganz tief im Innern, zwischen vielen Zweigen, klammert er sich fest und lässt dann fünf Monate lang nicht mehr los. Da kann es schneien, hageln, schneidend windig oder minus 20 °C kalt sein. Wenn der Frühling kommt, ist dieser gelbe Schmetterling am schnellsten wieder draußen und gilt deswegen als erster Frühjahrsbote.
Würde man also einem Reisighaufen einen Preis verleihen, bekäme er auf jeden Fall das Prädikat „besonders wertvoll für Zitronenfalter". Aber das ist nicht der einzige Nutzen eines solchen Reisighaufens.

Für Vögel und Vierbeiner

Besonders wertvoll ist er auch für den Zaunkönig, denn hier versteckt dieser Vogel gerne seine Kugelnester. Ein Männchen baut mehrere Nester, denn seine anspruchsvolle Dame ist sehr wählerisch und findet nur selten etwas gelungen. Für das Mauswiesel ist der Reisighaufen ebenfalls wertvoll. Bleibt er mehrere Jahre bestehen, wird er mit etwas Glück von einem Weibchen als Nestburg auserwählt. Der Verrottungszustand im Inneren des Haufens scheint dabei eine große Rolle zu spielen. Von hier aus macht die Burgherrin dann Jagd auf alle Arten von Mäusen.

Amphibien mögen ältere Reisighaufen, denn modernde Äste im Inneren halten lange die Feuchtigkeit und geben sie auch in trockensten Sommermonaten an die Umgebung ab. Diese Umgebung ist für Kröten, Molche oder Frösche tagsüber ideal. Nachts gehen sie dann auf Insektenjagd.

Und schließlich wird er auch von Eidechsen geschätzt, denn die äußeren Äste eines Reisighaufens erwärmen sich bei Sonnenschein schnell.

Kleine, breitere Steinpyramiden können Sie mit robusten Steingartenpflanzen begrünen – sie werden von Bienen und Schmetterlingen besucht.

Beispiel Steinpyramide

Auch die Steinpyramiden sind wertvolle Herbergen für eine bunte Nützlingsschar: außen warm und trocken, innen kühler und feuchter, mit vielen Ritzen zum Verstecken.

Für Insekten

Zum Beispiel für Insekten, die nicht selbst heizen können, sondern auf die Wärme ihrer Umgebung angewiesen sind: Jeder Stein erwärmt sich bei Sonnenschein und gibt diese Wärme langsam wieder an die Umgebung ab. Diese thermische Wirkung ist umso größer, je mehr Steine beieinander liegen. Insekten aller Art lieben also solche Steinhaufen ganz besonders. Schmetterlingsraupen registrieren die Wärmeabstrahlung und laufen gezielt auf die Steinpyramide zu, um sich zwischen ihren Spalten zu verpuppen. Hier sind sie auch gut vor Fraßfeinden geschützt. Töpferwespen, Feldwespen, Harz- und Wollbienen bauen ihre kunstvollen Nester bevorzugt an solchen warmen Stellen.

Für Vögel und Vierbeiner

Die Spitze einer Steinpyramide ist für viele Vögel ein beliebter Ausguck. Ansitzjäger, wie der Grauschnäpper, erbeuten von hier aus fliegende Insekten. Rotkehlchen und Hausrotschwanz überblicken ihr Revier und stimmen ihren Gesang an, damit sie auch deutlich von ihren Konkurrenten gehört werden. Die Vögel finden auf den Steinen zahlreiche Insekten.

In den Steinspalten sind viele Hohlräume, die Jägern wie Kröten, Laufkäfern, Molchen, Spitzmäusen und vielen mehr Unterschlupf bieten. Behände huschen Eidechsen über die Steine, sonnen sich hier genüsslich und sind bei Gefahr blitzschnell in den Spalten verschwunden.

Je länger, je lieber

Schon der neue Reisighaufen und die neue Steinpyramide werden schnell von den Nützlingen entdeckt. Aber je länger sie liegen, desto besser: Mit der Zeit bauen viele Tiere eine regelrechte Beziehung zu solchen Strukturen auf. Sie sind dann kaum noch aus ihrer Umgebung wegzudenken.

Reisighaufen kompakt

ZEIT 1 Tag
BAU mittel

- Suchen Sie einen geeigneten Platz im Garten, z. B. zwischen Sträuchern in der Hecke oder neben einem großen Baum. Die Größe des Haufens sollte mindestens 1 m Durchmesser betragen. Größer geht immer.
- Schichten Sie zunächst alle größeren Äste und eventuelle Stammstücke aufeinander.
- Darüber legen Sie viele feinere Äste. Die Form und Biegung der Äste nutzen Sie für den Aufbau.
- Lange gerade Äste rammen Sie mit dem dicken Ende in das Zentrum des Haufens. So wird alles schön stabil.
- Überstehende Aststücke zwicken Sie mit der Astschere ab.
- Steigen Sie auf den Haufen und komprimieren ihn, indem Sie darauf Trampolin springen. Vielleicht haben auch Ihre Kinder Lust dazu?
- Legen Sie nach und nach weitere Äste auf und springen Sie zwischendurch immer wieder auf Ihrem Asttrampolin.
- Zum Schluss zwicken Sie alle vorstehenden Zweige und Äste ab. Der Haufen wird dadurch schön rund und sieht dann richtig gut aus.

DIE KOMPRIMIERUNG ist sinnvoll, denn viele kleine Tiere verstecken sich im Haufen (Seite 52). Je dichter der Haufen, desto schwieriger ist es für Katze oder Steinmarder, die kleinen Tiere zu erreichen. Über die Jahre sackt jede Reisigkonstruktion in sich zusammen, Sie können also immer wieder Ast- und Zweigmaterial nachlegen. So tun Sie etwas für die Nützlinge im Garten und sparen Geld und Mühe, da Sie das Material nicht anderweitig entsorgen müssen.

MATERIAL

- Äste und Reisig unterschiedlichster Dicken und Längen
- Eventuell Stammholz und sonstige natürliche Holzteile
- Stabile lange Astschere
- Rosenschere

1

2

Holzkeller für Käfer & Co.

ZEIT 1 Tag
BAU mittel

- Suchen Sie einen Platz im Garten, der morgens besonnt ist und nicht im Regenschatten eines Gebäudes oder großen Baumes liegt.
- Graben Sie mit dem Spaten ein Loch, mindestens eine Spatentiefe, besser tiefer – je tiefer, desto sicherer bleibt der Boden frostfrei. Den Aushub häufen Sie am Rand als Hügelwulst an. Die Größe des Loches richtet sich nach der Menge des vorhandenen Holzes. Ich empfehle mindestens 50 × 50 cm.
- Füllen Sie das Loch bunt gemischt mit den vorhandenen Materialien.
- Häufen Sie das Totholz so hoch auf, wie Sie möchten.

DAS HOLZ fängt durch den Erdkontakt an, sich zu zersetzen. Pilze werden Sie sicher als erstes zu Gesicht bekommen. Diese ziehen etliche Nützlinge an, die sich gerne von ihnen ernähren. Laufkäfer, Kurzflügler, Hundert- und Tausendfüßer haben hier ihre Kinderstube und unternehmen von hier aus Raubzüge in die Umgebung. Das unterschiedlich zersetzte Holz ist wiederum Nahrung für eine Vielzahl von anderen Insekten, die ihrerseits von Igel, Spitzmaus und Amphibien gefressen werden. Und der Holzmulm in der Tiefe bietet vielen Tieren einen Platz zum Überwintern. In diesem Keller könne Sie alle naturbelassenen Holzreste, die im Garten immer wieder anfallen, ablegen. Denn über die Jahre fallen die aufgeschichteten Materialien in sich zusammen und schaffen Platz für Nachschub.
Wenn Sie den Totholzkeller nur aus Eichenholz aufbauen, können Sie sogar eine Kinderstube für den Hirschkäfer gestalten. Seine Larven leben viele Jahre lang in dem Mulm und verwandeln sich dann irgendwann in unseren größten einheimischen Käfer.

MATERIAL

- Totholzstücke, Stammholz und Scheitholz sämtlicher Holzarten
- Äste unterschiedlichster Dicken und Längen
- Spaten
- Stabile lange Astschere

Wurzelskulptur

ZEIT halber Tag
BAU leicht

- Lassen Sie anhaftende Erde oder Lehm gerne an Ihrem Wurzelstock. Viele Tiere finden dort Unterschlupf.
- Kürzen Sie je nach Geschmack und Platzverhältnissen die Wurzeln ein.
- Suchen Sie einen vollsonnigen Platz im Garten, etwa im Steingarten oder Sandarium (Seite 62).
- Tragen Sie den Wurzelstock, falls nötig zu zweit oder zu dritt, zu der vorgesehenen Stelle.
- Drehen Sie ihn in die von Ihnen gewünschte endgültige Position.
- Platzieren Sie unter alle Wurzelteile Steine, damit das Holz nicht mit dem Boden in Berührung kommt.

OHNE KONTAKT mit dem Boden und in voller Sonne verrottet das Holz der Wurzel kaum. Gerade dadurch bietet es zahlreiche Unterschlupfe für die verschiedensten Tiere. In alten Käferbohrlöchern bauen seltene Wildbienen, die künstliche Nisthilfen nicht annehmen, ihre Nester. Auf den warmen Oberflächen wärmen sich Eidechsen und Schmetterlinge. Hornissen raspeln hier Baumaterial für ihre schön gestalteten Nester ab. Springspinnen haben an dem Wurzelstock ihr bevorzugtes Jagdrevier. Mit Wurzelstöcken können Sie tolle Akzente in Ihrem Garten setzen und dazu einer Vielzahl von Nützlingen helfen.

MATERIAL

- Ausgegrabener oder gefundener Wurzelstock – alle ungiftigen Holzarten eignen sich
- Mehrere flache Steine

Paletten-Hochhaus

ZEIT mehrere Tage
BAU mittel

- Die Menge der Paletten richtet sich nach der Höhe, die Sie für Ihr Hochhaus planen. Suchen Sie einen geeigneten Platz im Garten, der von allen vier Seiten leicht zugänglich ist.
- Legen Sie die erste Palette auf den Boden.
- Bringen Sie sie mithilfe der Wasserwage genau in die Waagerechte, indem Sie eventuell mit dem Spaten Boden abtragen. Die waagerechte Lage ist wichtig für die Stabilität des Hochhauses.
- Füllen Sie die Schlitze der Palette von oben oder von der Seite abwechselnd mit dem vorhandenen Material. Unten eher mit Totholz für Käfer und andere erdnah lebende Tiere, oben mit Schilf, Stroh, Bambus und ähnlichem für Trockenheitsfreunde wie Wildbienen, Spinnen und Ohrwürmer.
- Setzen Sie die nächste Palette darauf und füllen Sie diese wieder mit Material.
- Bauen Sie Ihr Hochhaus auf diese Weise weiter in die Höhe, so hoch, wie Sie mögen und noch Material zur Verfügung haben.
- Wenn Sie wollen, schmücken Sie Ihr Hochhaus, indem Sie oben ein paar bepflanzte Blumentöpfe installieren. Mit Efeuranken und bienen- und schmetterlingsfreundlichen Blüten sieht es noch viel besser aus.

DAS PALETTEN-HOCHHAUS bleibt sehr viele Jahre als Konstruktion stabil. Von unten ist es eher feucht, oben ist es trocken. Über die Zeit können Sie immer wieder Materialien einschichten, die Sie sonst aufwendig entsorgen müssten. Für die Bewohner finden sich alle Abstufungen von besonnt am Rand bis schattig oder dunkel in der Mitte. Außen ist es warm, innen kühl. Viele nützliche Tiere können ihren Aufenthaltsort horizontal und vertikal je nach Temperatur und Wetter wechseln. Die verschiedenen Zersetzungsgrade des eingebauten Materials lassen für jeden Nützling den richtigen Lieblingsort entstehen.

MATERIAL

- 5 bis 10 Holzpaletten
- Holzscheite, Rinde, Heu, Totholz
- Stroh, Schilf, Tannenzapfen, Bambus, Strangfalzziegel (Füllmaterial für Wildbienen: Seite 42)
- Wasserwaage, eventuell Spaten

Sandarium

ZEIT 1 Tag
BAU mittel

- Suchen Sie einen Platz im Garten, der möglichst lange besonnt ist. Gerne kann er auch im Regenschatten eines Baumes oder Gebäudes liegen.
- Graben Sie mit dem Spaten auf der Fläche Ihres Sandariums den Oberboden ca. 15 cm tief ab und bringen Sie den Boden in einen anderen Teil Ihres Gartens.
- Schütten Sie den Sand auf die abgetragene Fläche.
- Häufen Sie das Material so hoch auf, wie Sie mögen.
- Mit Steinen können Sie das Sandarium zu den umgebenden Flächen hin abgrenzen.
- Zum Schluss können Sie Totholz und Einzelsteine auf die Sandfläche legen.

WELCHER SAND ist geeignet? Machen Sie einfach die Kuchenformprobe: Den zu testenden trockenen Sand füllen Sie in eine Kuchenform, klopfen ihn fest und stürzen die Form auf eine geeignete Fläche. Rieselt der Sandkuchen nach Entfernen der Form auseinander, ist er für das Sandarium ungeeignet.
Je größer der Sandhaufen ist, desto wertvoller ist er für eine Vielzahl von Wildbienen und Grabwespen, die hier ihre Nester anlegen. Je nach Größe Ihres Gartens können Sie gut und gerne mehrere Schubkarren voll Sand verwenden – oder noch mehr.
Eidechsen lassen im Sandarium ihre Eier von der Sonne ausbrüten. Ameisenlöwen erbeuten in ihren Trichtern unvorsichtige Ameisen. Die blitzschnellen Sandlaufkäfer machen hier Jagd nach Schädlingen.
Betrachten Sie das Leben auf Ihrem Sandarium vom Rand aus, da auch unter dem Sand viele Nützlinge unbemerkt leben.
Pflanzenbewuchs ist hier kontraproduktiv, deswegen entfernen Sie vorsichtig störende Pflanzen mitsamt den Wurzeln.

MATERIAL

- Sand mittlerer Körnung (Genaueres siehe Text)
- Spaten
- Steine als Begrenzung
- Totholz

15

Steinpyramide

ZEIT 1 bis mehrere Tage
BAU mittel

- Suchen Sie einen sonnigen Platz im Garten, der von allen Seiten leicht zugänglich ist. Mit dem Spaten können Sie eventuell den Boden vorher einebnen.
- Legen Sie die größten und schwersten Steine als Ring auf den Boden, schmale Seiten zeigen nach innen, breite nach außen. Setzen Sie die Steine so eng aneinander, wie es geht.
- Füllen Sie den Ring mit Bauschutt oder kleineren Steinen, bei Bedarf zerschlagen Sie größere Stücke mit dem Vorschlaghammer.
- Setzen Sie den nächsten Steinring auf. Die Steine werden über die Fugen der darunterliegenden Steine gelegt und neigen sich alle ein ganz klein wenig nach innen.
- Den neuen Ring wieder mit Bauschutt oder kleineren Steinen auffüllen.
- Je höher Sie bauen, desto kleiner werden die aufgesetzten Steinringe, ganz oben legen Sie dann einen schönen Stein als Spitze der Pyramide.

Das Bauen von Steinpyramiden kann sehr meditativ sein und ist fast so wie Puzzeln in der Landschaft. Mit etwas Übung wird es Ihnen gelingen, aus Ihrem Haufen Steine den richtigen zu greifen und aufzusetzen. Während des Bauens können Sie über den Namen Ihrer Pyramide nachdenken und dann ein Schild mit dem Resultat Ihrer Überlegungen an den Fuß der fertigen Pyramide stellen.

EINE PYRAMIDE sieht nicht nur gut aus, sie hilft auch einer Vielzahl von Tieren. Die Steine wärmen sich in der Sonne auf und geben die Wärme wieder ab. Raupen von Schmetterlingen, die sich verpuppen wollen, nehmen diese Wärme wahr und finden im Inneren der Pyramide einen sicheren Ort. Viele Insekten wärmen sich an den warmen Oberflächen. Oben ist ein guter Ansitz für Vögel zum Singen und zum Überblicken des eignen Reviers. Wenn Sie die Pyramide nach unten in den Boden durch Ausheben eines Lochs erweitern, kann dieser „Keller“ ein perfekter Überwinterungsort für Frösche und Molche sein.

MATERIAL

- Steine, Steine, Steine in verschiedenen Größen (eckige lassen sich einfacher schichten)
- Bauschutt
- Vorschlaghammer
- Eventuell Spaten

Sonnenfalle

ZEIT 1 bis mehrere Tage
BAU mittel

- Suchen Sie einen sonnigen Platz im Garten, der von der südlichen Seite zugänglich ist. Mit dem Spaten können Sie eventuell den Boden vorher einebnen.
- Legen Sie die größten und schwersten Steine in Form eines Halbmonds auf den Boden. Mindestbreite sind 2 m. Die beiden Spitzen sind nach Süden gerichtet, der Bauch zeigt nach Norden. Setzen Sie die Steine so eng wie möglich aneinander.
- Füllen Sie den Halbmond mit Bauschutt oder kleineren Steinen, bei Bedarf zerschlagen Sie größere Stücke mit dem Vorschlaghammer.
- Setzen Sie die nächste Steinreihe auf, die Steine neigen sich alle ein ganz klein wenig nach innen und werden über die Fugen der darunterliegenden Steine gelegt. Falls nötig verkanten Sie sie mit kleinen flachen Steinen.
- Wieder mit Bauschutt oder kleineren Steinen auffüllen.
- Je höher Sie bauen, desto kleiner werden die aufgesetzten Steinhalbmonde, ganz oben legen Sie dann als Abschluss eine letzte Steinreihe.

DIE FERTIGE Sonnenfalle öffnet sich wie eine Sichel nach Süden. Egal ob es morgens oder abends ist, ein Teil der Sonnenfalle ist immer von der Sonne beschienen und speichert so die Wärme. Der Höhe einer Sonnenfalle sind keine Grenzen gesetzt. Eine nach Süden ausgerichtete Terrasse ist, wie Sie wissen, ein hervorragender Wärmespeicher. Sogar eine ganz kleine Sonnenfalle aus sechs Ziegelsteinen hat einen spürbaren Effekt. Probieren Sie es aus und umgeben Sie eine Erdbeerstaude mit so einer Zwergsonnenfalle. Sie werden sich über das gute Wachstum und den intensiven Geschmack der Früchte wundern.
Etliche Tiere lieben sonnige und heiße Steinflächen. Sie sind der Lieblingsort von Eidechsen, wärmeliebenden Schmetterlingen und anderen Sonnenanbetern in Ihrem Garten. Wenn die Sonnenfalle auch noch ein Fundament aus Steinen im vorher ausgehobenen Boden bekommt, ist sie für Amphibien und Reptilien ein hervorragender Ort zum Überwintern.

MATERIAL

- Steine, Steine, Steine
- Bauschutt
- Vorschlaghammer
- Eventuell Spaten

O
N
S
W

Wurmfarm

ZEIT mehrere Tage bis Wochen
BAU mittel

- Suchen Sie in Ihrem Garten einen leicht zugänglichen Platz, am besten im Halbschatten unter einem Strauch.
- Graben Sie spatentief den Umriss Ihres Komposters (aber etwas kleiner) aus, legen Sie den Aushub auf der Seite auf einer Folie ab.
- Setzen Sie den fertig zusammengebauten Komposter auf.
- Füllen Sie die Grube bis auf Bodenniveau mit Stroh.
- Zerbrechen Sie Zweige und Reisig in handliche Stücke und füllen etwa 30 cm hoch auf. Dabei legen Sie die dicksten Totholzstämme und Äste in die Mitte des Komposters.
- Füllen Sie die Hälfte der ausgegrabenen Erde zurück in den Komposter und bedecken Sie damit gleichmäßig und locker das aufgeschichtete Material.
- Die Tontöpfe füllen Sie dicht mit kleinen, zerrissenen Kartonstücken, diese vollen Tontöpfe stellen Sie kopfüber auf die eingeebnete Fläche.
- Die Zwischenräume füllen Sie weiter mit kurzem Reisig und Totholzstücken auf, bis Sie die Tontöpfe nicht mehr sehen können.
- Die restliche Erde wird aufgebracht und gleichmäßig verteilt.
- In der Mitte des Komposters graben Sie eine kleine Vertiefung. Hier können Sie in Maßen organisches Material aus Ihrer Küche entsorgen.

DIESER KOMPOSTHAUFEN verschluckt zwar auch einen Teil Ihres Hausmülls, ist aber vorrangig ein wertvoller Schutzort für etliche seltene Tiere wie Nashornkäfer, Rosenkäfer und viele andere nützliche Kleintiere, die das kompostierte Material mit dem hohen Holzanteil als Futter oder Kinderstube brauchen. Sie können also immer wieder Totholz, organisches Material und trockenes Laub (aber bitte keinen Rasenschnitt) nachfüllen, ohne diesen Kompost umsetzen zu müssen. Die umgedrehten Tontöpfe sind ein Lieblingsort für Würmer und helfen bei der Durchlüftung des Haufens. Insektenfresser wie Igel und Spitzmaus, Laufkäfer und Raubspinne werden den Haufen gerne für einen kleinen Snack aufsuchen.

MATERIAL

- Standard-Komposter aus Holz oder Metall (kein Schnellkomposter)
- Holzscheite, Rinde, Heu, Totholz und alle anderen natürlichen Materialien
- Stroh
- Bestimmte organische Abfälle aus dem Haushalt
- Größere Tontöpfe
- Folie für den Aushub
- Pappe

Blütenkombis für Insekten

Jeder hat seine Vorlieben

Wenn in Ihrem Garten die Tiere aus ihren Verstecken oder ihren Nestern kommen, haben sie irgendwann Hunger. Zum Glück gibt es zahlreiche Nützlinge, die auf Nektar und Pollen fliegen. Mit den hier von mir zusammengestellten Blütenkombinationen decken Sie vielen Arten einen reichen Tisch.

Es gibt viele Blumen und Sträucher, die für unsere Nützlinge wertvoll sind – ab Seite 8 finden Sie dazu einige Informationen. Wunderschön ist es, wenn Sie zum Beispiel mit einer Blumenwiese verschiedene Bienen und Schmetterlinge anlocken. Man kann die Sache aber auch ganz gezielt angehen.

Kombis für Spezialisten

Sie können auch auf kleinsten Flächen durch ausgewählte Pflanzenkombinationen sehr viel für bestimmte Insektenarten tun. Sei es, weil die einzelnen Insekten ausgemachte Vorlieben haben, die Tiere nur in gewissen Monaten auftreten oder durch ihre speziellen Mundwerkzeuge auf bestimmte Blüten festgelegt sind. Der Erfolg stellt sich bald ein, und wenn die ersten Wollbienen und Schwalbenschwänze Ihr Spezialbeet umsummen und umflattern, werden Sie zufrieden feststellen, dass Sie nicht nur für die Tiere, sondern auch für sich selbst etwas im Garten bewirkt haben.

Die Große Wollbiene hat Pflanzenwolle für ihre Brutzellen gesammelt – Sie können ihr helfen mit den Pflanzen auf Seite 90.

Beispiel Zitronenfalter

Kehren Sie noch einmal gedanklich zum Zitronenfalter tief im Innern des Reisighaufens (Seite 52) zurück. Nach fünf Monaten Winterstarre hat der Falter Hunger. Jetzt blüht noch nicht viel, darum bedarf es spezieller Pflanzenarten. Die Kätzchen der Salweide, die gelben Blüten des Huflattichs und die bunte Pracht der Krokusse ziehen den Zitronenfalter magisch an. Bald paart er sich und legt seine Eier auf die Blätter von Faulbaum und Kreuzdorn. Die Raupen fressen fast zwei Monate lang Blatt für Blatt, bis sie sich schließlich verpuppen. Nach einer kurzen Puppenruhe schlüpft ein neuer Zitronenfalter. Es ist nun Spätsommer, und der Schmetterling muss Energiereserven für den kommenden Winter sammeln. Andere Blumen als im Frühling spielen nun die entscheidende Rolle: Flockenblumen, Witwenblumen und Bartnelken sucht er am liebsten auf. Das Einzige, was er dann noch braucht, ist der Reisighaufen, und die Geschichte beginnt wieder von vorn.
Sicher haben Sie jetzt schon weitergedacht (vielleicht ist der Reisighaufen aus Kapitel 2 schon in Ihrem Garten angelegt?): Ja, es ist möglich, die sechs aufgezählten Lieblingsnektarblumen des Zitronenfalters in Ihrem Gartenbeet oder sogar einem Pflanzkasten unterzubringen! Wenn Sie dann noch einen Faulbaum und einen Kreuzdorn in Ihre Hecke pflanzen, bieten Sie dem schönen gelben Schmetterling ein Rundum-Sorglos-Paket.

Im Spätsommer sind die frisch geschlüpften Zitronenfalter unterwegs.

Was brauche ich?

Die Pflanztröge für Nützlinge können Sie in den unterschiedlichsten Gefäßen anlegen. Meine Beispiele sind Anregungen für Sie, die Sie beliebig abändern können. Eine Pflanzung im Beet oder Steingarten ist natürlich ebenso möglich.
Wichtig ist der Inhalt, nämlich drei Dinge: Die Drainage, damit das Wasser ablaufen kann, das Substrat, also die Erde, und die richtigen Pflanzen. Die Grundprinzipien sind immer gleich, ich stelle sie Ihnen hier vor.

Drainage

Regenwasser muss aus dem Gefäß schnell abziehen können, denn die Pflanzen mögen keine nassen Füße. Das erreichen Sie durch Löcher im Gefäßboden. Je größer die Löcher oder je mehr von ihnen vorhanden sind, desto besser funktioniert die Drainage. Durch große Tonscherben über den Löchern verhindern Sie, dass Erde den Wasserabzug verstopft.
Als Drainage können Sie grobes, kantiges Material wie Bauschutt, gebrochenen Kies oder zerschlagenes Porzellan verwen-

Wichtig bei allen Pflanzgefäßen ist eine gute Drainage. Steingartenpflanzen wie diese mögen es besonders trocken.

den. Benutzen Sie keinen runden Kies, da dieser zu leicht mit feinen Erdbestandteilen zugeschwemmt wird und so seine Drainagefunktion verliert. Das Material füllen Sie bis 10 cm unter dem Gefäßrand ein.

Substrat

Die fehlenden 10 cm bis zum Gefäßrand werden mit Substrat, hier einer besonderen Bodenmischung, befüllt. Das Substrat ist immer mager, also arm an Nährstoffen, da die in meinen Beispielen verwendeten Pflanzen keine gut gedüngten Böden brauchen. In magerem Substrat wachsen auch die typischen Unkräuter nur spärlich, Sie sparen sich so also viel Pflege.
Als Substrat empfehle ich fertig abgepackte Kakteenerde, oder Sie stellen sich eine eigene Mischung selbst her. Das geht ganz einfach und ist in allen Pflanzbeispielen gleich. Drei verschiedene Dinge werden einfach in einem großen Gefäß oder Schubkarren gut miteinander gemischt: Sie brauchen einen Teil groben Sand, einen Teil klein gebrochenen Kies oder Fugensplitt mit maximal 5 mm dicken Steinchen und einen Teil gekaufte Gartenerde. Sie erhalten alles im Baumarkt oder Gartencenter oder in einer Gärtnerei.

Kleinhämmern

Falls Sie nur grobe Brocken Bauschutt haben, können Sie sich mit einem Vorschlaghammer abreagieren und die Brocken bis auf die Größe einer Walnuss zerkleinern.

Mit dem Substrat füllen Sie das Pflanzgefäß Ihrer Wahl bis zum Gefäßrand. Je nach Bepflanzung können noch Ergänzungen notwendig sein. Infos dazu finden Sie bei den einzelnen Beispielen.

Warum gekaufte Erde?
Eigene Erde aus dem Garten enthält oft eine Vielzahl von Unkrautsamen und ist aus diesem Grund nur bedingt geeignet. Mit gekaufter Erde sparen Sie sich viel Jätarbeit.

Pflanzen

Jetzt müssen Sie die Pflanzen nur noch einsetzen. Dazu schütteln Sie den Pflanzballen vorsichtig aus dem Topf und rauen mit der Hand oder einer kleinen Pflanzkralle das Wurzelgeflecht auf. Dann setzen Sie die Pflanze in ein ausgehobenes Loch. Die umgebende Erde drücken Sie mit den Händen an. Durch Angießen gleich im Anschluss setzt sich die Erde schnell rund um die Wurzeln und die Pflanze wächst besser an.

Deko für Ihre Pflanzkombi
Wenn Sie mögen, können Sie die Erde im Pflanzgefäß 1 cm hoch mit gebrochenem Kies oder Fugensplitt abdecken. Dann sieht es schön ordentlich aus. Schöne Einzelsteine oder Totholz können Sie ganz nach Ihrem Geschmack als Dekoelemente verwenden.

Wann pflanzen?

Die beste Zeit, um diese Kombinationen zu pflanzen, ist Frühling oder Herbst (Herbst vor allem für die Zwiebelblumen). Zu diesen Jahreszeiten bieten die auf Wildpflanzen spezialisierten Gärtnereien auch die größte Auswahl an Pflanzen. Ein Setzen im Sommer ist nicht ratsam, da die Pflanzen eine gewisse Zeit brauchen, um anzuwachsen und die Pflanzungen wegen der Drainage zu schnell austrocknen können. Erst wenn das Wurzelwerk gut ausgebildet ist, überstehen die Pflanzen Trockenzeiten. Nur in besonders heißen, regenarmen Zeiten brauchen sie von Ihnen etwas Gießhilfe. Diese ist notwendig, wenn die Pflanzen anfangen ihre Blätter einzurollen.
Die Blütenkombi für Ihre Insekten ist nun fertig! Ein großer Vorteil aller Blütenkombis ist ihre Dauerhaftigkeit. Sie bleiben über viele Jahre bestehen, sodass Sie sich das jährliche Austauschen und Neukaufen sparen können.

Imbiss zum Dachziegel

ZEIT halbe Stunde
BAU einfach

- Legen Sie den Firstdachziegel mit der Wölbung nach unten vor sich hin.
- Am breiteren Ende legen Sie als Abschluss Steine ein.
- Setzten Sie die Pflanzen ohne Topf ein, festes Wurzelwerk ein wenig lockern.
- Drücken Sie die Pflanzballen mit etwas Kakteenerde und Lehm fest, dann sauber mit Splitt abdecken.
- Damit das Regenwasser ablaufen kann, stellen Sie den Firstziegel leicht geneigt an prall besonnter Stelle auf.
- Leicht angießen – fertig!

BEI DIESEM Bienenimbiss sind die Pflanzen großer Trockenheit ausgesetzt. Deswegen eignen sich dafür nur zwei Pflanzengattungen, nämlich *Sempervivum* und *Sedum*. Am einfachsten identifizieren Sie die Pflanzen anhand des lateinischen Namens auf dem Etikett. Hauswurzen (über 2000 Arten) und „Kleine Fetthennen" (über 200 Arten) sind bis minus 25 °C winterhart und kommen in breiter Vielfalt vor. Pflanzensammler präsentieren sie oft in spektakulären Topf- und Schalengärten. Die prächtigen Blüten sind für viele Wildbienenarten eine beliebte Nektarquelle. Der Pflegeaufwand geht gegen null. Nur im Sommer während langer Trockenperioden müssen Sie ein wenig gießen.

MATERIAL

- 1 Firstdachziegel
- etwas Lehm
- Kakteenerde
- Steine, Splitt
- Geeignete Pflanzen im Topf (*Sempervivum* und *Sedum*)
- Gießkanne

Knolliger Kalkstein

ZEIT halber Tag
BAU mittel

- Bringen Sie den Kalkknollenstein an seinen Platz in sonniger Lage und drehen Sie ihn so, dass er sich von seiner besten Seite zeigt.
- Gestalten oder vergrößern Sie vorhandene Löcher mit dem Bohrer bis auf Faustgröße.
- Geben Sie in jedes zu bepflanzende Loch ein wenig Lehm.
- Setzen Sie die Pflanzen ohne Topf ein, festes Wurzelwerk vorher etwas lockern.
- Bringen Sie weitere Kakteenerde oder Lehm (oder ein Gemisch aus beidem) in das Pflanzloch ein und stopfen Sie die Erde in den bepflanzten Löchern gut mit dem Stöckchen fest. Leicht angießen.
- Damit die Pflanzen beim nächsten Gewitterregen nicht aus ihren Pflanzlöchern geschwemmt werden, sichern Sie diese mit angerührtem Mörtel. Diesen Mörtel entfernen Sie nach einem halben Jahr vorsichtig mit einem kleinen Hammer, bis dahin haben sich die Pflanzen gut mit ihren Wurzeln am Stein befestigt und halten von alleine.

SO EINE Knollensteinbepflanzung ist nicht mit allen Pflanzen möglich. Neben *Sempervivum* und *Sedum* eigenen sich ein paar weitere Pflanzengattungen hervorragend. Am einfachsten identifizieren Sie die Pflanzen, wenn Sie auf den lateinischen Namen des Etiketts schauen – deutsche Bezeichnungen sind nicht einheitlich. Die genannten Pflanzen sind durch kleine harte Blätter oder andere Merkmale an Trockenheit und wenig Bodensubstrat angepasst und bis minus 25 °C winterhart. Die sich entfaltende Blütenpracht ist für Wildbienen und Schmetterlinge ein unwiderstehlicher Magnet. Die Pflege ist einfach und beschränkt sich, nachdem die Pflanzen angewachsen sind, auf vorsichtiges Gießen in extremen Trockenperioden.

MATERIAL

- Ein Kalkknollenstein von beliebiger Größe
- Akkubohrer und Vorsätze zum Bohren und Vergrößern der Löcher
- 1 Eimer Lehm
- Kakteenerde
- 1 Stöckchen
- Etwas angerührter Mörtel
- Pflanzen: *Sedum*, *Sempervivum*, *Saxifraga* (Steinbrech), *Dianthus* (Nelken), *Penstemon* (Bartfaden)

Volle Karre für den Zitronenfalter

ZEIT halber Tag
BAU einfach

MATERIAL
- Alter Schubkarren
- Bauschutt oder sonstiges Drainagematerial, zerbrochene Blumentöpfe
- Substrat (Seite 74), eine Handvoll Lehm, etwas Blumenerde
- Gebrochener Kies/Splitt
- Pflanzen (Kleine Hängeweide (*Salix caprea pendula*) mit 30 cm Stammhöhe, Huflattich (*Tussilago farfara*), Krokuszwiebeln, Wiesen-Flockenblume (*Centaurea jacea*), Acker-Witwenblume (*Knautia arvensis*), Bartnelke (*Dianthus barbatus*)
- Bohrmaschine mit Metallbohrer oder Spitzhacke
- Gießkanne und eventuell Pflanzkralle

- Schlagen Sie mit der Spitzhacke oder bohren Sie mit der Bohrmaschine großzügig Löcher in die Bodenplatte des Schubkarrens. Die Stelle, an der Sie die Weide pflanzen möchten, lassen Sie unversehrt.
- Decken Sie die Löcher mit den Blumentopfscherben ab.
- Füllen Sie den Schubkarren mit Drainagematerial bis 10 cm unter dem Rand auf. Nur dort, wo die Weide gepflanzt werden soll, lassen Sie ein großes Loch im Schotter.
- Pflanzen Sie an vorgesehener Stelle die Weide ein. Lockern Sie vorher den Wurzelballen auf und füllen Sie das Pflanzloch mit Blumenerde auf.
- Verteilen Sie das Substrat 3 cm hoch auf der gesamten Fläche des Schubkarrens.
- Streuen Sie nun die Krokuszwiebeln an den gewünschten Stellen locker aus. Praktisch: Beim Krokus brauchen Sie nicht darauf zu achten, wie die Zwiebeln fallen, sie ziehen sich in der Wachstumsphase von alleine in die richtige Stellung.
- Setzen Sie nun die restlichen Pflanzen ohne Töpfe an die gewünschte Stelle. Zum Huflattich geben Sie eine Handvoll Lehm.
- Füllen Sie nun den gesamten Schubkarren bis zum Rand mit Substrat.
- Zum Abschluss decken Sie die gesamte Fläche 1 bis 2 cm hoch mit Splitt ab und gießen Sie alles gut an. Das Substrat setzt sich mit der Zeit etwas.

DER ZITRONENFALTER ist ein ganz besonderer Schmetterling: Von all unseren einheimischen Schmetterlingen lebt er am längsten. Deswegen braucht er auch ein Langzeit-Blütenangebot im Frühjahr und Spätsommer. Alle für den Falter notwendigen Lieblingsnektarpflanzen befinden sich in Ihrer Schubkarre. Die Speisekarte für den Falter teilt sich in den Frühlingsflor und die Spätsommerblüte auf. Die beiden Sträucher Faulbaum und Kreuzdorn, von deren Blättern sich die Raupen ernähren, können Sie ganz einfach in einer bestehenden Hecke in Ihrem Garten unterbringen. Wenn Sie dann noch einen Reisighaufen zum Überwintern anlegen, wird Ihr Garten zum Zitronenfalterparadies.

Schwalbenschwanz-Oase

ZEIT halber Tag
BAU einfach

- Bohren Sie mit der Bohrmaschine großzügig Löcher in die Böden der beiden Behälter.
- Decken Sie die Löcher mit den Blumentopfscherben ab.
- Füllen Sie die Schüsseln mit Drainagematerial bis 10 cm unter dem Rand auf.
- Nehmen Sie die Pflanzen aus den Töpfen und lockern Sie die Wurzelballen ein wenig.
- Setzen Sie in die eine Schüssel die Raupenfutterpflanzen, in die andere Schüssel die Nektarpflanzen. Bei den Nektarpflanzen streuen Sie eine Handvoll Kalksplitt mit ein.
- Füllen Sie die Gefäße mit dem Substrat auf.
- Decken Sie die Erde 1 bis 2 cm hoch mit Splitt ab und gießen Sie alles gut an. Das Substrat wird sich mit der Zeit ein wenig setzen.

MATERIAL

- 2 große Emailleschüsseln, Zinkwannen oder ähnliche Behälter
- Bauschutt oder sonstiges Drainagematerial, zerbrochene Blumentöpfe
- Substrat (Seite 74)
- Gebrochener Kies oder Fugensplitt
- Raupenfutterpflanzen: Fenchel (*Foeniculum vulgare*), Arznei-Haarstrang (*Peucedanum officinale*), Heilwurz (*Seseli libanotis*).
- Nektarpflanzen: Karthäusernelke (*Dianthus carthusianorum*), Knollige Kratzdistel (*Cirsium tuberosum*), Taubenskabiose (*Scabiosa columbaria*)
- Eine Handvoll Kalksplitt
- Bohrmaschine mit Metallbohrer

DER SCHWALBENSCHWANZ ist einer unserer größten einheimischen Tagfalter – wunderschön anzusehen in seinem gleitenden Flug. Er ist ein Vagabund und fliegt weite Strecken auf der Suche nach seinen Lieblingspflanzen. Mit den richtigen Pflanzen kann er also durchaus angelockt werden. Der Falter legt seine Eier an trockenen Standorten ab; die Raupen lieben es, in der Sonne zu sein. Trotz ihrer prächtigen Färbung sind sie gut getarnt und auf den ersten Blick kaum zu entdecken. Wenn sie bedrängt werden, stülpen die Raupen am Kopfende rote Fortsätze aus, um den Störenfried zu erschrecken. Besonders gerne verpuppen sie sich zwischen Steinen oder Reisig. Die hier zusammengestellte Bepflanzung für die Raupen zieht auch Massen von Schwebfliegen an. Die Pflanzen der anderen Schüssel können Sie selbst als Heilkräuter nutzen.

Gartenstuhl für Hummeln

ZEIT halber Tag
BAU mittel

MATERIAL
- Alter Gartenklappstuhl
- Bauschutt oder sonstiges Drainagematerial
- 1 m^2 Gartenteichfolie
- Substrat (Seite 74)
- 8-cm-Kantholz von 2 m Länge oder mehr
- Säge, Meißel und Hammer
- Holzschrauben, 6 cm lang
- Lineal und Stift, Teppichmesser
- Splitt

Pflanzen: Zwiebeln von Traubenhyazinthen und Krokussen, Gewöhnliches Leinkraut (*Linaria vulgaris*), Mauerzimbelkraut (*Cymbalaria muralis*), Großer Ehrenpreis (*Veronica teucrium*), Roter Fingerhut (*Digitalis purpurea*), Gelber Zahntrost (*Odontites luteus*), Pyramiden-Günsel (*Ajuga pyramidalis*), Edelgamander (*Teucrium chamaedrys*), Gelber Hohlzahn (*Galeopsis segetum*), Echtes Herzgespann (*Leonurus cardiaca*), Gewöhnliche Katzenminze (*Nepeta cataria*)

- Stellen Sie den Klappstuhl an seinen endgültigen Platz in sonniger Lage. Richten Sie seine Sitzfläche waagrecht aus.
- Messen Sie die Breite und Tiefe der Fläche mit dem Zollstock aus und schneiden Sie in den beiden erhaltenen Maßen jeweils 6 Teile von Ihrem Kantholz ab.
- Bei den 12 Kantholzteilen messen Sie jeweils links und rechts von der Mitte der Enden aus 8 cm nach innen und zeichnen mit Lineal und Stift eine Linie ein.
- An diesen Linien sägen Sie jeweils 8 cm tief ins Holz. Die Eckstücke können Sie absägen oder, schneller, mit einem Meißel und Hammer ausschlagen.
- 4 dieser Kanthölzer legen Sie wie in der Zeichnung zusammen und verschrauben Sie miteinander und auf der Stuhlsitzfläche.
- Darauf legen Sie den nächsten Rahmen mit 4 Kanthölzern und verschrauben ihn mit dem ersten Rahmen.
- Legen Sie nun die Teichfolie in den schon 16 cm hohen Rahmen und drücken die Folie auf die Stuhlfläche und in die Ecken.
- Darauf legen Sie die letzten 4 Kanthölzer, erhöhen so den Rahmen auf 24 cm und verschrauben ein letztes Mal.
- Mit einem Teppichmesser schneiden Sie die nach außen abstehende Teichfolie ab und bohren ein paar Löcher in den Boden der Folie.
- Füllen Sie 15 cm hoch mit Drainagematerial auf, darüber 2 cm Kakteenerde.
- Streuen Sie locker Zwiebeln von Traubenhyazinthen und Krokussen ein. Die Spitzen der Hyazinthenzwiebeln müssen nach oben zeigen. Bei den Krokussen ist das nicht wichtig, sie richten sich von selbst aus.
- Setzen Sie die Pflanzen ein und füllen den gesamten Kasten mit Kakteenerde auf.
- Mit Splitt abdecken und angießen.

HUMMELN HABEN einen viel längeren Rüssel als Bienen und können so Nektar erreichen, an den die Bienen nicht herankommen. In Natur und Garten gibt es spezielle Hummelblumen. Dazu gehören Lippen- und Rachenblütler und etliche Zwiebelblumen. Hier sind viele Lieblingspflanzen für Hummeln aufgelistet – vielleicht können Sie auch einen ganzen Tisch mit Stühlen für die liebenswerten Brummer decken. Das Mauerzimbelkraut hängt hübsch über den Stuhlrand nach unten.

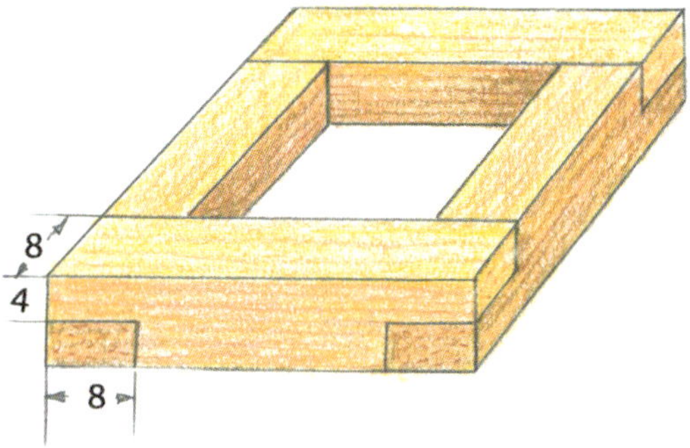
8
4
8

Schwebfliegen-Wanne

ZEIT halber Tag
BAU mittel

- Stellen Sie die Zinkwanne an ihrer endgültigen, sonnigen Stelle in Ihrem Garten auf.
- Schlagen Sie mit der Spitzhacke oder bohren Sie mit der Bohrmaschine großzügig Löcher in den Boden.
- Die Löcher decken Sie mit den Blumentopfscherben ab.
- Füllen Sie die Zinkwanne mit Drainagematerial bis 10 cm unter dem Rand auf.
- Setzen Sie die Pflanzen ohne Töpfe an die gewünschte Stelle, eventuell lockern Sie vorher die Wurzelballen auf.
- Füllen Sie nun die Zinkwanne mit Substrat auf die Gefäßhöhe auf.
- Zum Abschluss decken Sie die gesamte Fläche 1 bis 2 cm hoch mit Splitt ab. Angießen – fertig!

SCHWEBFLIEGEN HABEN genau wie Stubenfliegen nur tupfende Mundwerkzeuge. Sie können deswegen Nektar nur von solchen Blüten aufnehmen, bei denen er nicht tief am Blütengrund versteckt ist. Doldenblütler oder Korbblütler werden darum besonders gerne besucht. Schwebfliegen und auch andere Gäste, die sich hier einfinden, etwa Solitärwespen oder Grabwespen, leben als Larve oder Vollinsekt von den unterschiedlichsten Schädlingen wie Raupen oder Blattläusen. Auch verschiedene Bockkäfer und die seltenen Prachtkäfer finden hier ihre Zuckernahrung. Wenn Sie die Zinkwanne in der Nähe Ihrer Rosen aufstellen, haben Sie die Anti-Blattlaus-Schutzmannschaft gleich vor Ort. Alle Pflanzen in der Zinkwanne sind außerdem bekannte Heilpflanzen, die Sie auch für sich selbst nutzen können.

MATERIAL
- Zinkwanne
- Bauschutt oder sonstiges Drainagematerial, zerbrochene Blumentöpfe
- Substrat (Seite 74)
- Gebrochener Kies oder Fugensplitt
- Pflanzen: Echte Kamille (*Matricaria chamomilla*), Rainfarn (*Tanacetum vulgare*), Fenchel (*Foeniculum vulgare*), Pastinak (*Pastinaca sativa*), Ringelblume (*Calendula officinalis*)
- Bohrmaschine mit Metallbohrer oder Spitzhacke

Mauerbienen-Blumenkasten

ZEIT 2 Stunden
BAU einfach

- Stellen Sie den Blumenkasten an einen halbsonnigen Ort, der nicht im Regenschatten steht.
- Alle Löcher decken Sie mit den Scherben zerbrochener Blumentöpfe ab.
- Füllen Sie den Kasten mit Drainagematerial bis 10 cm unter dem Rand auf.
- Verteilen Sie das Substrat 3 cm hoch auf der gesamten Fläche des Kastens.
- Streuen Sie nun die Blumenzwiebeln an den gewünschten Stellen locker aus, bringen Sie die Spitzen der Zwiebeln nach oben.
- Setzen Sie anschließend die restlichen Pflanzen ohne Töpfe an den gewünschten Ort.
- Füllen Sie den gesamten Kasten bis zur Endhöhe mit Substrat auf.
- Zum Abschluss decken Sie die gesamte Fläche 1 bis 2 cm hoch mit Splitt ab, das Substrat wird sich die kommenden Wochen noch ein wenig setzen.
- Mit einer Gießkanne und Gießaufsatz wässern – fertig!

DIE STARK BEHAARTE Gehörnte Mauerbiene (*Osmia cornuta*) ist leicht an ihrem roten Popo zu erkennen. Die kleineren Männchen haben auf der Stirn ein weißes Haarbüschel, die Weibchen ein schwarzes, dazwischen zwei ganz schwarze Stirnfortsätze, die wie kurze Hörner aussehen. Diese Bienen fliegen von Ende März bis spätestens Anfang Mai. Darum brauchen sie Blumen, die in dieser Zeit blühen. Nektar und Pollen bringt sie gerne auch zu einer Nisthilfe mit Löchern, deren Durchmesser 8 bis 9 mm beträgt. Die einzelnen Brutzellen verschließt die Mauerbiene mit einem Lehmdeckel, daher braucht sie in der Nähe ihres Nestes eine Lehmquelle. Es ist äußerst interessant, diese völlig ungefährlichen Wildbienen bei ihrem fleißigen Tun zu beobachten.

MATERIAL

- Großer Blumenkasten
- Bauschutt oder sonstiges Drainagematerial, zerbrochene Blumentöpfe
- Substrat (Seite 74)
- Splitt
- Pflanzen: Wildtulpen (*Tulipa*), Blaustern (*Scilla siberica*), Hohler Lerchensporn (*Corydalis cava*), Schlüsselblume (*Primula elatior*), Elfenblume (*Epimedium pinnatum*)

Wollbienen-Blumenkasten

ZEIT halber Tag
BAU einfach

- Stellen Sie den Blumenkasten an eine sonnige Stelle, die nicht im Regenschatten steht.
- Alle Löcher mit den Scherben zerbrochener Blumentöpfe abdecken.
- Füllen Sie den Kasten mit Drainagematerial bis 10 cm unter dem Rand auf.
- Setzen Sie die Pflanzen ohne Töpfe an die gewünschte Stelle. Die Königskerze kann sehr groß werden, darum braucht sie etwas Abstand zu ihren Nachbarn.
- Füllen Sie den gesamten Kasten bis zur Endhöhe mit Substrat auf.
- Zum Abschluss decken Sie die gesamte Fläche 1 bis 2 cm hoch mit Splitt ab und gießen es gut an. Das Substrat wird sich mit der Zeit ein wenig setzen.

DIE WOLLBIENE (*Anthidium manicatum*) ist wie eine Wespe schwarz-gelb gezeichnet, hat aber einen sehr kompakten Körper und kann im Flug wie ein Kolibri vor einer Blüte stehen. Sie fliegt von Mitte Juni bis in den August hinein. Die hier ausgewählten Blumen blühen genau in dieser Zeit. Den gesammelten Nektar und Pollen bringt die Wollbiene zu Spalten zwischen Steinen, zum Beispiel in Ihrer Steinpyramide oder Sonnenfalle. Ihre Nester baut sie aus den Haaren von den Blättern der Königskerze. Mit etwas Glück können Sie beobachten, wie sie diese Haare zu einer kleinen Wollkugel formt und im Flug zu ihrem Nest bringt. Die Tiere verteidigen ihre Lieblingsblumen mit Scheinangriffen gegenüber anderen Bienenarten.

MATERIAL

- Großer Blumenkasten
- Bauschutt oder sonstiges Drainagematerial, zerbrochene Blumentöpfe
- Substrat (Seite 74)
- Gebrochener Kies oder Fugensplitt
- Pflanzen: Kleinblütige Königskerze (*Verbascum thapsus*), Dornige Hauhechel (*Ononis spinosa*), Heilziest (*Stachys officinalis*), Schwarznessel (*Ballota nigra*)

Service

Bezugsquellen

Werkzeug und Material
Alles, was Sie zum Bauen und Schrauben brauchen, bekommen Sie in einem gut sortierten Baumarkt.

Schilf und komplette Bausätze
Wildbienenglück GmbH
Dürrnbucher Straße 7
90579 Langenzenn
info@wildbienenglueck.de
www.wildbienenglueck.de
Tel.: 09101 4789990
Individuelle Insektenhotels in Modulbauweise und abgelängtes Schilf

Strangfalzziegel
Verschiedene Ziegelhersteller wie Creaton AG (www.creaton.de), Wienerberger GmbH (www.wienerberger.de) und Argeton Gmbh (www.argeton.de) haben diesen nur wenig gebrauchten Ziegel noch im Angebot.

Einheimische Stauden, Sträucher und Saatgut
Daniel Rühlemann
Kräuter & Duftpflanzen
Auf dem Berg 2
27367 Horstedt/ROW
Tel.: 04288 3001911
info@kraeuter-und-duftpflanzen.de
www.kraeuter-und-duftpflanzen.de
Selten gewordene Kräuter und Gartenpflanzen

Bernd Schober Blumenzwiebelversand
Stätzlinger Str. 94a
86165 Augsburg
Tel.: 0821 72989500
bschober@der-blumenzwiebelversand.de
www.der-blumenzwiebelversand.de
Blumenzwiebeln für Frühjahr und Herbst

Lebensraum Garten
Daniel Jakumeit
Schäfere 2d
06237 Leuna
Daniel-Jakumeit@t-online.de
Tel.: 01717081989
www.baudirnatur.de
Broschüren Teil 1 und Teil 2

Hof Berg-Garten. Wildpflanzen für Blumenwiese & Naturgarten
Björn Lau
Lindenweg 17
79737 Herrischried
Tel.: 07764 239
info@hof-berggarten.de
www.hof-berggarten.de
Wilde Blumen und Samen für lebendige Gärten

Lebensinseln, David Seifert GmbH
Langenbrucker Strasse 4
85309 Pörnbach
Tel.: 08446 9287888
info@lebensinseln-shop.de
www.lebensinseln-shop.de
Samenmischungen, Sträucher, Stauden, Bücher, Broschüren, Nisthilfen und vieles mehr

Appels Wilde Samen GmbH
Brandschneise 2, 64295 Darmstadt
Tel.: 06151 929213
samen@appelswilde.de
www.appelswilde.de
Mischungen und Einzelsaaten einheimischer Pflanzen

Zum Weiterlesen

Bienen, Hummeln, Wespen im Garten und in der Landschaft. Hintermeier, H. und M. Obst- u. Gartenbauverlag, 2017

Bienen, Wespen, Ameisen. Staatenbildende Insekten Mitteleuropas. Bellmann, H. Kosmos, 2017

Bienenweide. 200 Trachtpflanzen erkennen und bewerten. Pritsch, G. Kosmos, 2018

Der Biogarten: Das Original – komplett neu. Kreuter, M.-L. BLV, 2019

Drei-Zonen-Garten. Gastl, M. Verlag Dr. Friedrich Pfeil, 2015

Ideenbuch Insektenhotels – 30 Nisthilfen einfach selbst gebaut. von Orlow, M. Verlag Eugen Ulmer, 2020

Ideenbuch Vogelhäuschen – Stilvolle Nistkästen, Futterhäuser, Tränken. Tinz, S. Verlag Eugen Ulmer, 2014

Igel sucht Unterschlupf – So helfe ich Tieren über den Winter. #machsnachhaltig. Rösen, C. Verlag Eugen Ulmer, 2021

Mein Insektenhotel – Wildbienen, Hummeln & Co. im Garten. Aktiv gegen Insektensterben. von Orlow, M. Verlag Eugen Ulmer, 2020

Natur sucht Garten. 35 Ideen für nachhaltiges Gärtnern. Boomgaarden, H., Oftring, B., Ollig, W. Verlag Eugen Ulmer, 2011

Nützlinge und Schädlinge in unserem Garten. Berling, R. BLV, 2010

Steinbachs Naturführer Insekten. Bellmann, H. Verlag Eugen Ulmer, 2022

Steinbachs Naturführer Säugetiere. Richarz, K. Verlag Eugen Ulmer, 2010

Steinbachs Naturführer Schmetterlinge. Bellmann, H. Verlag Eugen Ulmer, 2022

Steinbachs Naturführer Vögel. Richarz, K. und Puchta, A. Verlag Eugen Ulmer, 2014

Vögel füttern rund ums Jahr. Egidius, H. Verlag Eugen Ulmer, 2011

Wildbienen – Die anderen Bienen. Westrich, P. Verlag Dr. Friedrich Pfeil, 2015

Die Wildbienen Deutschlands. Westrich, P. Verlag Eugen Ulmer, 2019

Internet

www.hortus-insectorum.de
7000 m^2 großer Garten des Autors, der aus Zeitschriften und Fernsehen bekannt ist. Zahlreiche Tipps und ökologisches Hintergrundwissen.

www.hortus-netzwerk.de
Forum, eine gemeinsame Karte aller eingetragenen Hortus Gärten, Vielzahl von Informationen um das Gärtnern mit den Drei-Zonen-Model.

www.hymenoptera.de
Informationen über Wildbienen, Hummeln und Wespen.

www.wildbienen.info
Zahlreiche Artenportraits und sehr gute Fotos verschiedener Arten.

www.wildbienen.de
Viele Details über Nisthilfen und Artenportraits von Wildbienen und Hummeln.

www.wildbienenschutz.de
Umfangreiche Informationen zu Wildbienen.

www.bombus.de
Alles über Hummeln, mit aktivem Forum.

www.hornissenschutz.de
Website speziell zu Hornissen, mit Forum.

www.schmetterling-raupe.de
Bestimmungshilfe für Schmetterlinge und Raupen.

www.schmetterlinge-d.de
Ausführliche Infos über Schmetterlinge, mit einfachem Bestimmungsschlüssel.

Vereine und Organisationen

www.bund.net
Website des Bund für Umwelt und Naturschutz Deutschland.

www.nabu.de
Website des Naturschutzbund Deutschland.

www.naturgarten.org
Verein rund um naturnahe Gärten mit zahlreichen Beispielen.

Bildquellen

Zeichnungen

Die Zeichnungen auf den Seiten 25, 29, 31, 49, 55, 61, 63, 65, 67, 77, 81, 83, 87, 89, 91 fertigte **Alexander Gaidys**, Lippstadt.
Die Zeichnungen auf den Seiten 23, 27, 33, 35, 37, 39, 41, 43, 45, 47, 57, 59, 69, 79, 85 fertigte **Christiane Gottschlich**, Steinfurt.

Fotos

A.S.Floro/Shutterstock.com: S. 70/71
Bellmann, Heiko/Frank Hecker: S. 52, 72
blickwinkel/McPHOTO/U. Schwenk: Titelfoto u.re.
Carmen Rieb/Shutterstock.com: S. 13
Clipdealer.com: S. 15 o.
Gastl, Markus: S. 8, 12, 53, 74, 21 u.
Hecker, Frank: S. 4, 5, 6, 7 u., 10, 14 2.v.o., 14 u., 15 2.v.o., 16 2.v.u., 16 u., 17 u., 73
Hecker, Frank/Blickwinkel/McPhoto: S. 16 2.v.o.
Jason Steel/Shutterstock.com: S. 16 o.
Kichigin/Shutterstock.com: Titelfoto o., (S. 14 2.v.u.)
Kletr/Shutterstock.com: S. 21 o.
kospet/Shutterstock.com: S. 20
Kowalzik, Doris: S. 11
Marek R. Swabzba/Shutterstock.com: S. 15 u.
Marek R. Swabzba/Shutterstock.com: S. 50/51
Miroslav Hlavko/Shutterstock.com: S. 15 2.v.u.
Neil Burton/Shutterstock.com: S. 18/19
ninii/Shutterstock.com: S. 17 o.
Photo Fun/Shutterstock.com: S. 17 2.v.o.
rugco/Shutterstock.com: S. 14 o.
Sally Wallis/Shutterstock.com: S. 15 M.
Somni4uk/Shutterstock.com: Titelfoto u.M.
Stojan, Edina: S. 7 o., 9, 16 M., 17 2. v.u.
Tomatito/Shutterstock.com: S. 17 M.
Violetta Honkisz/Shutterstock.com: Titelfoto u.li.
Zoonar/Ralf Weise:S. 14 M.

Register

Der Autor

Markus Gastl, Jahrgang 1968, hat Geografie studiert und wollte die Vielfalt der Erde auch sehen und erleben. Deshalb erfüllte er sich einen Traum und radelte die Panamericana von Feuerland nach Alaska. Diese zweieinhalbjährige Reise mit 41 883 geradelten Kilometern endete mit einem Versprechen: Etwas für die Natur zu tun, direkt vor der eigenen Haustür, im eigenen Garten. Der **Hortus Insectorum**, der Garten der Insekten, ist das Ergebnis. Ein Naturparadies auf 7000 m² Fläche. Heute ist er einer der 70 schönsten Gärten Bayerns. Markus Gastl begleitet regelmäßig Gäste durch den Garten und vermittelt ökologische Zusammenhänge. Seine Gartenbegeisterung ist so groß, dass er sich im Jahr 2012 einen weiteren, 2800 m² großen Garten gekauft hat, den **Hortus Felix**, den fruchtbaren, ergiebigen und glücklichen Garten.
www.hortus-insectorum.de

Haftungsausschluss
Die in diesem Buch enthaltenen Empfehlungen und Angaben sind von vom Autor mit größter Sorgfalt zusammengestellt und geprüft worden. Eine Garantie für die Richtigkeit der Angaben kann aber nicht gegeben werden. Autor und Verlag übernehmen keine Haftung für Schäden und Unfälle. Bitte setzen Sie bei der Anwendung der in diesem Buch enthaltenen Empfehlungen Ihr persönliches Urteilsvermögen ein.
Der Verlag Eugen Ulmer ist nicht verantwortlich für die Inhalte der im Buch genannten Websites.

Anmerkung zur Schreibweise (Gendering): Gendergerechtigkeit und Inklusion sind bei uns gelebte Praxis – bei der Auswahl unserer Themen, bei der Recherchearbeit, in der Gestaltung. Unsere Texte meinen alle. Damit unsere Inhalte jedoch gut lesbar bleiben, verzichten wir in diesem Werk auf die jeweilige Mehrfachnennung oder Anpassung der Schreibweise bestimmter Bezeichnungen an die weibliche, männliche oder diverse Form.

Bibliografische Information der Deutschen Nationalbibliothek
Die Deutsche Nationalbibliothek verzeichnet diese Publikation in der Deutschen Nationalbibliografie; detaillierte bibliografische Daten sind im Internet über http://dnb.d-nb.de abrufbar.

Wollgrasweg 41, 70599 Stuttgart (Hohenheim)
E-Mail: info@ulmer.de
Internet: www.ulmer.de
Umschlagentwurf: Antje Warnecke, nordendesign.de
Projektleitung: Ina Vetter, Helen Haas
Lektorat: Ulf Müller
Herstellung: Silke Reuter, Stephanie Haun
Satz: r&p digitale medien, Echterdingen
Reproduktion: time:ray, Jettingen
Druck und Bindung: Pustet, Regensburg
Printed in Germany

MIX
Papier aus verantwortungsvollen Quellen
FSC® C014889

ISBN 978-3-8186-1293-1

Hortus Insectorum

Markus Gastl | Ehingen/Beyerberg | www.hortus-insectorum.de

Der **Hortus Insectorum** von Markus Gastl in Ehingen/Beyerberg ist ein Garten für die Natur und den Menschen. Er ist 7500 m² groß und prämiert als einer der 70 schönsten Gärten Bayerns.

Drei Zonen

Die ***Pufferzone*** umgibt den Garten und grenzt ihn nach außen durch eine Hecke aus einheimischen Sträuchern ab. Zusätzliche Elemente wie Reisighaufen, Totholzstämme, Steinhaufen und Sandhügel schaffen weiteren Lebensraum, der vielen Vögeln, Säugetieren und Insekten Schutz und Nahrung bietet.

In der ***Hotspotzone*** herrscht große Vielfalt. Die auf magerem Boden wachsenden Blumenwiesen und die Steingartenanlagen mit zahlreichen Unterschlupfmöglichkeiten zeichnen sich durch eine besonders hohe Artenzahl von Tieren und Pflanzen aus.

Direkt am Haus und damit schnell erreichbar liegt die ***Ertragszone*** mit Gemüse- und Kräuterbeeten, Beerensträuchern und mehr. Ihr Boden bringt gesunde und reichhaltige Ernte.

Pflanzenschutzmittel und künstliche Dünger werden nicht eingesetzt. Alle Zonen sind miteinander vernetzt und stabilisieren sich gegenseitig, so dass es kaum Schädlingsbefall gibt.

Besuch im Garten

Markus Gastl führt Sie gerne durch den Garten und erzählt aus seinem reichen Erfahrungsschatz.

⇨ Termine für Führungen und viele Tipps für den eigenen Garten finden Sie unter ***www.hortus-insectorum.de*** und auf unserer Facebook-Seite.